ChatGPT x SEO 行銷超強工作術

暢銷回饋版

胡昭民、吳燦銘 著

快速學會 **AI工具** 輕鬆提升 **網站曝光率**

讓ChatGPT幫你完成SEO優化與網路行銷

◆ 超強SEO的集客魔法術SERP排名最優化
◆ 最新理論與實務兼備的學習入門工具書
◆ 輕鬆掌握超級黃金關鍵字的贏家祕笈
◆ 秒懂SEO數據分析神器Google Analytics

博碩文化

ChatGPT.
SEO 行銷超強
工作術

胡昭民、吳燦銘 著

暢銷回饋版

快速學會
AI工具
輕鬆提升
網站曝光率

SEARCH...

SEO

讓ChatGPT幫你完成SEO優化與網路行銷

◆ 超強SEO的搜客攻法術SERP排名優化
◆ 最新理論與實務兼備的學習入門工具書
◆ 輕鬆掌握超級黃金關鍵字的取率秘篇
◆ 秒懂SEO數據分析神器Google Analytics

本書如有破損或裝訂錯誤，請寄回本公司更換

作　　者：胡昭民、吳燦銘
編　　輯：魏聲圩

董 事 長：曾梓翔
總 編 輯：陳錦輝

出　　版：博碩文化股份有限公司
地　　址：221 新北市汐止區新台五路一段 112 號 10 樓 A 棟
　　　　　電話 (02) 2696-2869　傳真 (02) 2696-2867

發　　行：博碩文化股份有限公司
郵撥帳號：17484299　戶名：博碩文化股份有限公司
博碩網站：http://www.drmaster.com.tw
讀者服務信箱：dr26962869@gmail.com
訂購服務專線：(02) 2696-2869 分機 238、519
（週一至週五 09:30 ～ 12:00；13:30 ～ 17:00）

版　　次：2024 年 5 月二版一刷

建議零售價：新台幣 520 元
I S B N：978-626-333-863-0
律師顧問：鳴權法律事務所 陳曉鳴律師

國家圖書館出版品預行編目資料

ChatGPT X SEO 行銷超強工作術：快速學會 AI
工具，輕鬆提升網站曝光率 / 胡昭民，吳燦銘
著 . -- 二版 . -- 新北市：博碩文化股份有限公司，
2024.05
　　面；　公分

ISBN 978-626-333-863-0 (平裝)

1.CST: 網路行銷 2.CST: 人工智慧

496　　　　　　　　　　　　　113006480
Printed in Taiwan

歡迎團體訂購，另有優惠，請洽服務專線
博碩粉絲團　(02) 2696-2869 分機 238、519

序言

網路行銷（Internet Marketing），或稱為數位行銷（Digital Marketing），本質上和傳統行銷一樣，最終目的都是為了影響「目標受眾」（Target Audience, TA），可透過電腦與網路通訊科技，使文字、聲音、影像與圖片可以整合在一起，讓行銷標的變得更為生動與即時，而想要從浩瀚的網際網路上，快速且精確的找到需要的資訊，入口網站（Portal）經常是進入 Web 的首站。

另外「搜尋引擎行銷」（Search Engine Marketing, SEM）就是利用搜尋引擎進行數位行銷的各種方法，包括增進網站的排名、購買付費的排序來增加產品的曝光機會、網站的點閱率與進行品牌的維護，其中一種能夠相當有效增加流量的方法就是「搜尋引擎最佳化」（Search Engine Optimization, SEO），是近年來相當熱門的網路行銷方式，SEO 就是讓網站在搜尋引擎中取得 SFRP 排名優先方式，終極目標就是要讓網站的 SERP 排名能夠到達第一。本書詳實介紹網路行銷及各種搜尋引擎最佳化（SEO）相關議題、觀念及最新工具，精彩篇幅包括：

- 網路行銷與 SEO 的黃金入門課
- 流量變現金的關鍵字集客魔法
- 秒殺拉客的網站 SEO 贏家祕笈
- 行動行銷與 Mobile SEO 淘金術
- 打造超人氣的語音搜尋 SEO 私房攻略
- 讓粉絲甘心掏錢的社群 SEO 行銷
- 網路大神的 SEO 數據分析神器─ Google Analytics
- ChatGPT 與 SEO 的超強整合攻略
- 最夯網路行銷與 SEO 專業術語

為了讓讀者吸收網路行銷與 SEO 相關及最新知識，本書特別針對熱門 SEO 議題及技巧進行探討，這些精彩單元包括：搜尋引擎行銷（SEM）、網路流量分類、搜尋引擎最佳化（SEO）、搜尋引擎演算法、關鍵字優化、關鍵字搜尋趨勢工具─ Google Trend、關鍵字廣告、Google Ads 關鍵字規劃工具、電商網站 SEO、各種類型網頁 SEO、Mobile SEO、語音搜尋 SEO、臉書 SEO、IG SEO、YouTube

SEO、SEO 數據分析 -Google Analytics、ChatGPT 在行銷領域的應用、讓 ChatGPT 將 YouTube 影片轉成音檔、SEO 行銷與 ChatGPT…等。

本書中各種 SEO 的實例,儘量輔以簡潔的介紹方式,期許各位能以最輕鬆的方式幫助各位了解這些重要新議題,筆者相信這會是一本學習網路行銷與 SEO 最新理論與實務兼備的入門工具書。

目錄

01 網路行銷與 SEO 的黃金入門課

02 流量變現金的關鍵字集客魔法

03 秒殺拉客的網站 SEO 贏家祕笈

04 行動行銷與 Mobile SEO 淘金術

05 打造超人氣的語音搜尋 SEO 私房攻略

06 讓粉絲甘心掏錢的社群 SEO 行銷

07 網路大神的 SEO 數據分析神器 —— Google Analytics

08　ChatGPT 與 SEO 的超強整合攻略

第 **1** 章

網路行銷與 SEO 的
黃金入門課

現代人的生活受到行銷活動的影響既深且遠，行銷的英文是 Marketing，簡單來說，就是「開拓市場的行動與策略」，行銷策略就是在有限的企業資源下，盡量分配資源於各種行銷活動，基本的定義就是將商品、服務等相關訊息傳達給消費者，而達到交易目的的一種方法或策略。

▲ 行銷活動已經和現代人日常生活行影不離

彼得 ‧ 杜拉克（Peter Drucker）曾經提出：「行銷（Marketing）的目的是要使銷售（Sales）成為多餘，行銷活動是要造成顧客處於準備購買的狀態。」行銷不但是一種創造溝通，並傳達價值給顧客的手段，也是一種促使企業獲利的過程，不管你在職場裡擔任什麼職務，這是一個人人都需要行銷的年代，我們可以這樣形容：「在企業中任何支出都是成本，唯有行銷是可以直接幫你帶來獲利」，市場行銷的真正價值在於為企業帶來短期或長期的收入和利潤的能力。

1-1 認識網路行銷

以往傳統的商品的行銷策略中,大多是採取一般媒體廣告的方式來進行,例如報紙、傳單、看板、廣播、電視等媒體來進行商品宣傳,傳統行銷方法的範圍通常會有地域上的限制,而且所耗用的人力與物力的成本也相當高。

▲ 產品發表會是早期傳統行銷的主要模式

不過當傳統媒體廣告都呈現大幅衰退的時,網路數位新媒體卻不斷在蓬勃成長,隨著電子商務的優勢得到高度認同與網路行銷技術的日趨成熟,企業可以利用較低的成本,開拓更廣闊的市場,如今已備受各大企業青睞。「網路行銷」(Internet Marketing),或稱為「數位行銷」(Digital Marketing),本質上其實和傳統行銷一樣,最終目的都是為了影響「目標受眾」(Target Audience,TA),主要差別在於溝通工具不同,現在則可透過電腦與網路通訊科技的數位性整合,使文字、聲音、影像與圖片可以整合在一起,讓行銷的標的變得更為生動與即時。

▲ 生動活吸睛的網路廣告,讓消費者增加不少購物動機

1-1-1 網路消費者的模式

網際網路的迅速發展改變了科技改變企與顧客的互動方式，創造出不同的服務成果，一般傳統消費者之購物決策過程，是由廠商將資訊傳達給消費者，並經過一連串決策心理的活動，然後付諸行動，我們知道傳統消費者行為的 AIDA 模式，主要是期望能讓消費者滿足購買的需求，所謂 AIDA 模式說明如下：

- 注意（Attention）：網站上的內容、設計與活動廣告是否能引起消費者注意。
- 興趣（Interest）：產品訊息是不是能引起消費者興趣，包括產品所擁有的品牌、形象、信譽。
- 渴望（Desire）：讓消費者看產生購買慾望，因為消費者的情緒會去影響其購買為。
- 行動（Action）：使消費者產立刻採取行動的作法與過程。

全球網際網路的商業活動，仍然在持續高速成長階段，同時也促成消費者購買行為的大幅度改變，根據各大國外機構的統計，網路消費者以 30-49 歲男性為領先，教育程度則以大學以上為主，充分顯示出高學歷與相關專也人才及學生，多半為網路購物之主要顧客群。相較於傳統消費者來說，隨著購買頻 的增加，消費者會逐漸 積購物經驗，而這些購物經驗會影響其往後的購物決策，網路消費者的模式就多了兩個 S，也就是 AIDASS 模式，代表搜尋

▲ 搜尋與分享是網路消費者的最重要特性

（Search）產品資訊與分享（Share）產品資訊的意思。

各位平時有沒有一種體驗，當心中浮現出購買某種商品的慾望，你對商品不熟，通常就會不自覺打開 Google、臉書、IG 或搜尋各式網路平台，搜尋網友對購買過這項商品的使用心得或相關經驗，或專注在「特價優惠」的網路交易，購物者通常都會投入很多時間在這個產品搜尋的過程，特別是年輕購物者都有行動裝置，很容用來尋找最優惠的價格，所以「搜尋」（Search）是網路消費者的一個重要特性。在網路世界中，搜尋引擎是引導用戶發現資訊的重要媒介。隨著越來越多的人習慣在 Google 和其他搜尋引擎查找產品和服務，搜尋結果顯示的排名差距關乎搜尋曝光和流量大小，這也是本書中要討論網路行銷與 SEO

的連動性。此外，喜歡「分享」（Share）也是網路消費者的另一種特性之一，網路最大的特色就是打破了空間與時間的藩籬，與傳統媒體最大的不同在於「互動性」，由於大家都喜歡在網路上分享與交流，分享（Share）是行銷的終極武器，除了能迅速傳達到消費族群，也可以透過消費族群分享到更多的目標族群裡。

1-1-2 網路行銷的定義

「網路行銷」（Online Marketing）的定義就是藉由行銷人員將創意、商品及服務等構想，利用通訊科技、廣告促銷、公關及活動方式在網路上執行。簡單的說，就是指透過電腦及網路設備來連接網際網路，並且在網際網路上從事商品促銷、議價、推廣及服務等活動，進而達成企業行銷的最後目標。

基於網路行銷的龐大市場和多元特性，許多企業經營者一直在積極發展這個領域。網路行銷可以看成是企業整體行銷戰略的一個組成部分，是為實現企業總體經營目標所進行，網路行銷是一種雙向的溝通模式，能幫助無數在網路成交的電商網站創造訂單與收入，跟所有其他行銷媒體相比，網路廣告的轉換率

▲ 網路行銷讓行銷模式變得更多元

（Conversation Rate）及投資報酬率 ROI（Return of Investment）最高。

> 🛒 **Tips**
>
> 「轉換率」（Conversion Rate）就是網路流量轉換成實際訂單的比率，訂單成交次數除以同個時間範圍內帶來訂單的廣告點擊總數。「投資報酬率」（Return of Investment）則是指通過投資一項行銷活動所得到的經濟回報，以百分比表示，計算方式為淨收入（訂單收益總額－投資成本）除以「投資成本」。

1-1-3 網路行銷的特性

隨著網路數位化時代的來臨，地理疆界已被完全打破，行銷概念與模式因為網路而做了空前的改變，在網路世界獨特運作規則下，自然呈現全新的行銷哲學，也將帶來 e 世代的網路行銷革命。各位要做好網路行銷，必須先認識網路行銷的五種特性：

▲ 網路行銷的五種特性

◎ 互動性

網路最大的特色就是打破了空間與時間的藩籬，與傳統媒體最大的不同在於「互動性」，不僅不會取代店家與消費者間的互動，反而提供了多元溝通模式，包括了線上瀏覽、搜尋、傳輸、付款、廣告行銷、電子信件交流及線上客服討論等，店家可隨時依照買方的消費與瀏覽行為，即時調整或提供量身訂制的資訊或產品，買方也可以主動在線上傳遞服務要求。

▲ 統一超商透過線上購物平台成功與消費者互動

◎ 個人化

真實世界的商業行為逐漸被導入網路虛擬世界，全球熱愛網路消費的使用者，經常使用網路購買各類商品，同時也促成消費者購買行為的大幅度改變，愈趨「個人化」（Personalization）特色的商品大為流行。「個人化」就是透過過去所蒐集的數據與資料，依照個人經驗所打造的專屬行銷內容，因為唯有量身訂做的商品才能快速擄獲消費者的心，未來的網路行銷勢必走向個人化的趨勢，包括顧客的忠誠度、競爭優勢及洞悉高價值顧客關係的能力，來優化消費者體驗，因而對品牌產生正面印象。

▲ 獨具特色的客製化商品在網路上大受歡迎

◎ 全球化

全球化整合是現代前所未見的行銷市場趨勢，因為網路無遠弗屆，所以範圍不再只是特定的地區或社團，遍及全球的無數商機不斷興起。全球化帶來前所未有的商機，由於網路科技帶動下的全球化的效應，克裡斯·安德森（Chris Anderson）於 2004 年首先提出長尾效應（The Long Tail）的現象，也顛覆了傳統以暢銷品為主流的觀念。長尾效應其實是全球化所帶動的新現象，只要通路夠大，非主流需求量小的商品總銷量也能夠和主流需求量大的商品銷量抗衡。

▲ ELLE 時尚網站透過網路成功在全球發行

Tips

克裡斯·安德森（Chris Anderson）於 2004 年首先提出「長尾效應」（The Long Tail）的現象，也顛覆了傳統以暢銷品為主流的觀念。由於實體商店都受到 80/20 法則理論的影響，多數店家都將主要資源投入在 20% 的熱門商品（Big hits），過去一向不被重視，在統計圖上像尾巴一樣的小眾商品，因為全球化市場的來臨，即眾多小市場匯聚成可與主流大市場相匹敵的市場能量，可能就會成為具備意想不到的大商機，足可與最暢銷的熱賣品匹敵。

◎ 低成本

網路行銷溝通管道多元化，讓原來企業和消費者間資訊不對稱狀態得到改善，這比起傳統媒體，例如出版物、廣播、以及電視，網路行銷擁有相對低成本的進場開銷金額，超過傳統媒體廣告的快速效益回應，因為全球化與網際網路去中間化特質，以低成本創造高品牌能見度及知名度，開拓更廣闊的市場。

▲ Trivago 提供保證最低價格的全球訂房服務

◎ 可測量性

隨著消費者對網路依賴程度愈來愈高，網路媒體可以稱得上是目前所有媒體中滲透率最高的新媒體，網路行銷不但能幫助無數電商網站創造訂單與收入，而且數位行銷常被認為是較精準行銷，主要由於它是所有媒體中極少數具有「可測量」特性的數位媒體，可具體測量廣告的成效，因為更精確的測量就是成功行銷的基礎，這個「可測量性」使網路行銷與眾不同，不管哪種行銷模式，當行銷活動結束後，店家一定會做成效檢視，如何將網路流量帶來的顧客產生實質交易，做為未來修正行銷策略的依據。

▲ Google Analytics 是網路行銷人員必備的數據分析超強工具

1-2 網路行銷 STP 策略 - 我的客戶在哪？

美國行銷學家溫德爾‧史密斯（Wended Smith）在 1956 年提出了 S-T-P 的概念，STP 理論中的 S、T、P 分別是「市場區隔」（Segmentation）、「市場目標」（Targeting）和「市場定位」（Positioning）。在企業準備開始擬定任何行銷策略時，必須先進行 STP 策略規劃，因為不是所有顧客都是你的買家，在網路時代，主要透過網路行銷規劃確認自我競爭優勢與精準找到目標客戶，然後定位目標市場，找到合適的客戶。STP 的精神在於選擇確定目標消費者或客戶，通常不論是開始行動行銷規劃或是商品開發，第一步的思考都可以從 STP 策略規劃著手。

▲ 可口可樂的 STP 規劃相當成功

1-2-1 市場區隔

「市場區隔」（Market Segmentation）是指任何企業都無法滿足所有市場的需求，應該著手建立產品差異化，行銷人員根據現有市場的觀察進行判斷，在經

過分析潛在機會後，接著便在該市場中選擇最有利可圖的區隔市場，並且集中企業資源與火力，強攻下該市場區隔的目標市場。例如東京著衣創下了網路世界的傳奇，更以平均每二十秒就能賣出一件衣服，獲得網拍服飾業中排名第一，就是因為打出了成功的市場區隔策略，主要是以台灣與大陸的年輕女性所追求大眾化時尚流行的平價衣物為主。產品行銷的初心在於不是所有消費者都有能力去追逐名牌，許多人希望能夠低廉的價格買到物超所值的服飾。

▲ 東京著衣主攻營大眾化時尚平價流行市場

1-2-2 市場目標

「市場目標」（Market Targeting）是指完成了市場區隔後，我們就可以依照企業的區隔來進行目標選擇，把適合的目標市場當成你的最主要的戰場，將目標族群進行更深入的描述。例如漢堡王僅僅以分店的數量相比，差距讓麥當勞遙遙領先，因此漢堡王針對麥當勞的弱點是對於成人市場的行銷與產品策略不夠，而打出麥當勞是青少年的漢堡，主攻成人與年輕族群的市場，配合大量的網路行銷策略，喊出成人就應該吃漢堡王的策略，以此區分出與麥當勞全然不同的目標市場，而帶來業績的大幅成長。

網路行銷與 SEO 的黃金入門課

1-2-3 市場定位

「市場定位」（Positioning）是檢視公司商品能提供之價值，向目標市場的潛在顧客訂定商品的價值與價格位階，也就是針對作好的市場區隔及目標選擇，根據潛在顧客的意識層面，為企業立下一個明確不可動搖的層次與品牌印象，創造產品、品牌或是企業在主要目標客群心中與眾不同、鮮明獨特的印象。例如 85 度 C 的市場定位是主打高品質與平價消費的優質享受服務，將咖啡與烘焙結合，甚至聘請五星級主廚來研發製作蛋糕西點，以更便宜的創新產品進攻低階平價市場，這也是 85 度 C 成立不到幾年，已經成為台灣飲品與烘焙業的最大連鎖店。

▲ 85 度 C 全球的市場定位相當成功

> **Tips**
>
> 全球知名的策略大師麥可・波特（Michael E. Porter）於 80 年代提出以五力分析模型（Porter five forces analysis）作為競爭策略的架構，他認為有 5 種力量促成產業競爭，每一個競爭力都是為對稱關係，透過這五方面力的分析，可以測知該產業的競爭強度與獲利潛力，並且有效的分析出客戶的現有競爭環境。五力分別是供應商的議價能力、買家的議價能力、潛在競爭者進入的能力、替代品的威脅能力、現有競爭者的競爭能力。

1-3 搜尋引擎行銷（SEM）入門講座

現代民眾想要從浩瀚的網際網路上，快速且精確的找到需要的資訊，入口網站（Portal）經常是進入 Web 的首站。入口網站通常會提供豐富個別化的搜尋服務與導覽連結功能，其中　搜尋引擎　便是各位的最好幫手，目前網路上的搜尋引擎種類眾多，而最常用的引擎當然非 Google 莫屬。由於資訊搜索是上網瀏覽者對網路的最大需求，除了一些知識或資訊的搜尋外，而這些資料尋找的背後，經常也會有其潛在的消費動機或意圖，Google 不僅僅是個威力強大搜尋引擎，還提供了許多超好用的工具，不但可以有效的利用搜尋引擎來進行網路行銷和推廣，更能針對全球使用者正在搜尋的內容提供即時深入分析。

▲ Google 是全球最大的搜尋引擎

「搜尋引擎行銷」（Search Engine Marketing，SEM）指的是與搜尋引擎相關的各種直接或間接行銷行為，由於傳播力量強大，吸引了許許多多網路行銷人員與店家努力經營。廣義來說，也就是利用搜尋引擎進行數位行銷的各種方法，包

括增進網站排名、購買付費的排序來增加產品的曝光機會、網站的點閱率與進行品牌的維護。當網友在網路上使用各大搜尋引擎尋找資料時，也能透過增加搜尋引擎結果頁（Search Engine Result Pages，SERP）能見度的方式，就能以最小的成本投入，獲最大的來自搜尋引擎的存取量，並可以在搜尋引擎中進行品牌的推廣，全面而有效的利用搜尋引擎來從事網路行銷。根據統計調查，大多數消費者只會注意搜尋引擎最前面幾個（2~3 頁）搜尋結果，Google 搜尋結果第一頁的流量佔據了 90% 以上，第二頁則驟降至 5% 以下。

 Tips

SERP（Search Engine Results Pag，SERP）就是經過搜尋引擎根據內部網頁資料庫查詢後，所呈現給用戶的自然搜尋結果的清單頁面，SERP 的排名當然是越前面越好，終極目標就是要讓網站的 SERP 排名能夠到達第一。

1-3-1 Chrome 瀏覽器初體驗

我們可以這樣形容：「Internet」不是萬能，但在現代生活中，少了 Interent，那可就萬萬不能！」Google 是各位上網搜尋生活大小事必備的工具之一，不論是使用家用電腦或是行動裝置，透過 Google Chrome 的強大智慧功能，就可以快速完成各項工作。

各位要使用 Google 的各項功能，首先必須先有 Google 帳戶，電腦上也要安裝 Google Chrome 瀏覽器才行。Google 是各位上網搜尋生活大小事必備的工具之一，不論是使用家用電腦或是行動裝置，透過 Google Chrome 的強大智慧功能，就可以快速完成各項工作。當各位安裝 Google Chrome 並登入個人的 Google 帳戶後，Google Chrome 瀏覽器的右上角就會顯示你的名字。如果你有多個帳戶想要進行切換或是進行登出，都是由右上角的圓鈕進行切換。如下圖所示：

擁有 Google 帳戶者，除了可以使用 Google Chrome 瀏覽器外，還能啟用各項的服務，在右上角按下 ⠿ 01003 鈕就可以看到搜尋、地圖、Gmail、聯絡人、雲端硬碟、翻譯、YouTube……等包羅萬象的各項服務。

各位要在 Google Chrome 瀏覽器上進行搜尋是件很簡單的事，只要在搜尋框中輸入想要搜尋的字詞，按下「Enter」鍵或「Google 搜尋」鈕，就能自動顯示是搜尋的結果。

網路行銷與 SEO 的黃金入門課

Google Chrome 也可以直接在網址列上輸入搜尋的關鍵字喔！

由搜尋框中輸入想要搜尋的字詞

而搜尋的過程中，Google 會貼心地將相關詞語顯示在下拉式的清單中，各位不必等到整個查詢的字詞都輸入完畢，就可以快速從清單中選擇要查詢的資料。另外，Google 會將關聯性較大的搜尋結果優先顯示，以方便搜尋者依序找尋資料。

例如 Google 的布林運算搜尋語法包含「+」、「-」和「OR」等運算子，也是一般使用者經常會使用的基本功能。使用的語法不同，則顯示的搜尋結果也會有所差異。

- 使用「+」或「空格」

  搜尋時必須輸入關鍵字,例如:要搜尋有關「洋基隊王建民」的資料,「洋基隊王建民」即為關鍵字。如果想讓搜尋範圍更加廣泛,可以使用「+」或「空格」語法連結多個關鍵字。

- 使用「-」

  如果想要篩選或過濾搜尋結果,只要加上「-」語法即可。例如:只想搜尋單純「電話」而不含「行動電話」的資料。

- 使用「OR」

  使用「OR」語法可以搜尋到每個關鍵字個別所屬的網頁,是一種類似聯集觀念的應用。以輸入「東京 OR 電玩展」搜尋條件為例,其搜尋結果的排列順序為「東京」「電玩展」「東京電玩展」。

各位如果是在公用的場所使用電腦,或是想要在瀏覽網頁內容後不留下任何的紀錄,那麼可以考慮「新增無痕式視窗」。請在 Google Chrome 右上角按下 ⋮ 鈕,接著下拉選擇「新增無痕式視窗」指令,就會顯示如圖視窗,告知你已進入無痕模式。進入此模式後,其他使用者並不會看到你的瀏覽紀錄,因為 Google Chrome 不會儲存 Cookie 和網站資料,也不會儲存你在表單中所輸入的資訊,但是你下載的內容或是新增的書籤仍會保留下來。

1-3-2 網站登錄（DLS）

由於入口網站（Portal）是進入 Web 的首站或中心點，最早也是以網路廣告模式與網路行銷沾上邊，提供使用者存取各種豐富個別化的服務與導覽連結功能。當各位連上入口網站的首頁，可以藉由分類選項來達到各位要瀏覽的網站，同時也提供了許多的服務，諸如：搜尋引擎、免費信箱、拍賣、新聞、討論等，例如 Yahoo、Google、蕃薯藤、新浪網等。除了獨立營運的網站之外，目前依附在入口網站下的購物頻道，也都有不錯的成績。

▲ 網站登錄對於網路行銷也非常有幫助　　　▲ 百度是中國最大搜尋引擎

當各位網站製作好後，發現怎麼都搜不到，這時就得自已手動把網站，登錄到個各搜尋引擎中，如果想增加網站曝光率，最簡便的方式可以在知名的入口網站中登錄該網站的基本資料，讓眾多網友可以透過搜尋引擎找到，稱為「網站登錄」（Directory listing submission，DLS）。國內知名的入口及搜尋網站如 PChome、Google、Yahoo! 奇摩等，都提供有網站資訊登錄的服務。由於中國電商市場日益蓬勃，登錄時最好也考慮到廣大的中國市場，例如百度、360 搜索、

搜狗搜尋等。百度在中國搜尋引擎市場的地位還是最大，每天有 6 億以上的搜索量。一般來說，網站登錄是免費的，如果想要讓網站排名優先或是加快審核時間，就可以透過付費的網站登錄。下表列出目前較具知名的入口網站供讀者參考：

搜尋引擎	網址
TisNet	http://dir.tisnet.net.tw/
Yam 天空	http://dir.yam.com/
Yahoo! 奇摩	http://www.yahoo.com.tw
Google	http://www.google.com.tw/
GAIS	http://gais.cs.ccu.edu.tw/
Hinet	http://dir.hisearch.hinet.net/
MSN Taiwan	http://search.msn.com.tw/
OpenFind	http://www.openfind.com.tw/
Sina 新浪網	http://search.sina.com.tw/
PChome Online	http://www.pchome.com.tw
360 搜索	https://www.so.com/
百度	http://www.baidu.com/
搜狗搜索	https://www.sogou.com/

1-3-3 Google 與網路流量

行銷當然不可能一蹴可幾，任何行銷活動都有其目的與價值存在，如果我們花費大量金錢與時間來從事網路行銷，最重要當然希望提高網站的流量。網路行銷首重流量，誰有流量誰就是贏家，無論行銷模式如何變，關鍵永遠都是流量，來店家網站逛逛的人多了，成交的機會相對就較大。

流量的成長代表網站最基本的人氣指標，隨著越來越多人習慣在 Google 和其他搜尋引擎查找產品和服務，搜尋結果顯示的排名差距關乎搜尋曝光和流量的大小，也會影響用戶對店家的觀感評價。根據 Google 官方公布的數據，Google 在全球每天發生 40 億次以上搜尋行為，其中 35% 的購物行為，幾乎是從 Google 搜尋開始，這也是流量產生的最大來源。因為每一個流量的來源特性不一致，而且網路流量的來源可能非常多種管道，Google 將流量區分為以下五種模式：

◎ 自然搜尋流量（Organic Channel）

當流量是將來自搜尋引擎的流量歸類為自然搜尋流量，也就是每個流量都是從關鍵字而來。例如來自於 Google、Yahoo、Bing⋯⋯的自然搜尋，這些使用者可能因為有某些需求，在搜尋引擎中輸入關鍵字，而自然地連上你的網站，通常這類並不是透過廣告而自動上門的使用者，可能對你的網站的某一項產品或服務有較強烈的需求，所以才會自動找上門，這類使用者背後的購買動機通常較強烈，也較容易轉換為訂單，這一種類的流量又稱「隨機搜尋流量」。

◎ 付費搜尋流量（Paid Search）

這類管道和自然搜尋有一點不同，它不像自然搜尋是免費的，反而必須付費，例如 Ggoogle、Yahoo 的關鍵字廣告（如 Google Ads 等關鍵字廣告），讓網站能夠在特定搜尋中置入於搜尋結果頁面，簡單的說，它是透過搜尋引擎上的付費廣告的點擊進入到你的網站。

◎ 推薦連結流量（Referral Traffic）

如果用戶是透過第三方網站而連上你的網站，這類流量來源則會被認定為參照連結網址所帶來的流量，例如和第三方網站有交換免費的廣告連結，使用者透過這個廣告連結而拜訪你的網站，這類的流量來源就會被分類到推薦連結流量。

◎ 直接流量（Direct Traffic）

那些無法找到合適的流量來源的分類，則被稱為「直接流量」（Direct Traffic），例如直接輸入網址、透過 App 連結來開啟使用者網頁，或是直接透過瀏覽器所設定的超連結來連上我們所分析的網站。

◎ 社交媒體流量（Social Traffic）

社交（Social）媒體是指透過社群網站管道來拜訪網站的流量，例如 Facebook、IG、Google+，當然來自社交媒體也區分為免費及付費，藉由這些管量的流量分析，可以作為投放廣告方式及預算的決策參考。

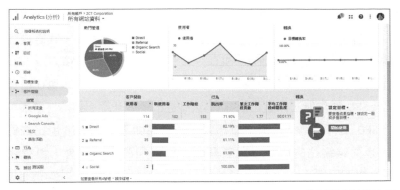

▲ 透過 Google Analytics 的「總覽」報表中可以看出各種流量管道的比重

1-4 搜尋引擎最佳化（SEO）

網站流量一直是網路行銷中相當重視的指標之一，而其中一種能夠相當有效增加流量的方法就是「搜尋引擎最佳化」（Search Engine Optimization，SEO），搜尋引擎最佳化（SEO）也稱作搜尋引擎優化，是近年來相當熱門的網路行銷方式，就是一種讓網站在搜尋引擎中取得 SERP 排名優先方式，終極目標就是要讓網站的 SERP 排名能夠到達第一。簡單來說，做 SEO 就是運用一系列的方法，利用網站結構調整配合內容操作，讓搜尋引擎認同你的網站內容，同時對你的網站有好的評價，就會提高網站在 SERP 內的排名。

在此輸入 " 速記法 "，會發現榮欽科技出品的油漆式速記法排名在第一位。

▲ SEO 優化後的搜尋排名

店家或品牌導入 SEO 不僅僅是為了提高在搜尋引擎的排名，主要是用來調整網站體質與內容，整體優化效果所帶來的流量提高與獲得商機，其重要性要比排名順序高上許多。對消費者而言，SEO 是搜尋引擎的自然搜尋結果，SEO 可以自己做，不用特別花錢去買，與關鍵字廣告不同，使網站排名出現在自然搜尋結果的前面，SEO 操作無法保證可以在短期內提升網站流量，必須持續長期進行，坦白說，SEO 沒有捷徑，只有不斷經營。通常點閱率與信任度也比關鍵字廣告來的高，進而讓網站的自然搜尋流量增加與增加銷售的機會。通常我們會將 SEO 分類為以下三種不同模式：

1-4-1 白帽 SEO（White hat SEO）

做好 SEO 可以省下許多行銷費用，但這也不是一兩天功夫就能看出成果的工作，所謂「白帽 SEO」（White hat SEO）就是腳踏實地來經營 SEO，也就是以正當方式優化 SEO，核心精神是只要對用戶有實質幫助的內容，排名往前的機會就能提高，例如加速網站開啟速度、選擇適合的關鍵字、優化使用者體驗、定期更新貼文、行動網站優先、使用較短的 URL 連結等，藉此幫助網站提升排名，盡力滿足搜尋引擎要替用戶帶來優質體驗的目標。

1-4-2 黑帽 SEO（Black hat SEO）

「黑帽」一詞與「白帽」是相對比較的說法，所謂「黑帽 SEO」（Black hat SEO）：是指有些手段較為激進的 SEO 做法，希望透過欺騙或隱瞞搜尋引擎演算法的方式，獲得排名與免費流量，常用的手法包括在建立無效關鍵字的網頁、隱藏關鍵字、關鍵字填充、購買舊網域、不相關垃圾網站建立連結或付費購買連結等。不過利用黑帽 SEO 技術，雖然有可能在短時間內提升排名，對於 Google 來可說是必殺天條，只要讓 Google 發現，輕則排名會急速下降外，重則可能被完全刪除排名，也就是再也搜尋不到。

1-4-3 灰帽 SEO（Gray hat SEO）

所謂「灰帽 SEO」（Gray hat SEO）：白話來說，就是一種介於黑帽 SEO 跟白帽 SEO 的優化模式，簡單來說，就是會有一點投機取巧，卻又不會嚴重的犯規，用險招讓網站承擔較小風險，遊走於規則的「灰色地帶」，因為這樣可以利用

某些技巧藉來提升網站排名，同時又不會被搜尋引擎懲罰到，例如一些連結建置、交換連結、適當反覆使用關鍵字（盡量不違反 Google 原則）等及改寫別人文章，不過仍保有一定可讀性，也是目前很多 SEO 團隊比較偏好的優化方式。

> 🛒 **Tips**
>
> 通常駭客（Hack）被認為是使用各種軟體和惡意程式攻擊個人和網站的代名詞，不過所謂成長駭客（Growth Hacking）的主要任務就是跨領域地結合行銷與技術背景，直接透過「科技工具」和「數據」的力量來短時間內快速成長與達成各種增長目標，所以更接近「行銷＋程式設計」的綜合體。成長駭客和傳統行銷相比，更注重密集的實驗操作和資料分析，目的是創造真正流量，達成增加公司產品銷售與顧客的營利績效。

1-5 搜尋引擎的演算邏輯

網路上知名的三大搜尋引擎 Google、Yahoo、Bing，每一個搜尋引擎都有各自的演算法（algorithm）與不同功能，網友只要利用網路來獲得資訊，大家所得到的資訊就會更加平等，搜尋引擎經常進行演算法更新，都是為了讓使用者在進行關鍵字搜尋時，搜尋結果能夠更符合使用者目的。

▲ Bing 是微軟推出的新一代搜索引擎

例如 Bing 是一款微軟公司推出的用以取代 Live Search 的搜索引擎，市場目標是與 Google 競爭，最大特色在於將搜尋結果依使用者習慣進行系統化分類，而且在搜尋結果的左側，列出與搜尋結果串連的分類。尤其對於多媒體圖片或視訊的查詢，也有其貼心獨到之處，只要使用者將滑鼠移到圖片上，圖片就會向前凸出並放大，還會顯示類似圖片的相關連結功能，而把滑鼠移到影片的畫面時，立刻會跳出影片的預告，如果喜歡再點選，轉到較大畫面播放。

1-5-1 搜尋引擎運作原理

Google 搜尋引擎平時最主要的工作就是在 Web 上爬行並且索引數千萬份的網站文件、網頁、檔案、影片、視訊與各式媒體，分別是「爬行網站」（crawling）與「建立網站索引」（index）兩大工作項目。例如 Google 的 Spider 程式與爬蟲（web crawler），會主動經由網站上的超連結爬行到另一個網站，並收集該網站上的資訊，最後將這些網頁的資料傳回 Google 伺服器。請注意！當開始搜尋時主要是搜尋之前建立與收集的索引頁面（Index Page），不是真的搜尋網站中所有內容的資料庫，而是根據頁面關鍵字與網站相關性判斷。一般來說會由上而下列出，如果資料筆數過多，則會分數頁擺放，接下來才是網頁內容做關鍵字的分類，再分析網頁的排名權重，所以當我們打入關鍵字時，就會看到針對該關鍵字所做的相關 SERP 頁面的排名。

▲ Google 就是超級網路圖書館的管理員

1-5-2 認識搜尋引擎演算法

然而為了避免許多網站 SEO 過度優化，搜尋演算機制一直在不斷改進升級，Google 有非常完整的演算法來偵測作弊行為，千萬不要妄想投機取巧。Google

的目的就是為了全面打擊惡意操弄 SEO 搜尋結果的作弊手法在市場上持續作怪，所以每次搜尋引擎排名規則的改變都會在網站之中引起不小的騷動。

各位想做好 SEO，就必須先認識 Google 演算法，並深入了解 Google 搜尋引擎的運作原。對於網路行銷來說，SEO 就是透過利用搜索引擎的搜索規則與演算法來提高網站在 SERP 的排名順序。

▲ Search Console 能幫網頁檢查是否符合 Google 的演算法

雖然搜尋引擎的演算法不斷改變，SEO 操作仍能提供相當大的網站流量，只是 Google 經過不斷的更新，變得越來越聰明。關於 Google 演算法，所有行銷人都是又愛又恨，加上近期的演算法更新頻率越來越高，不過 Google 演算法的修改還是源自於三個最核心的動物演算法：熊貓、企鵝、蜂鳥，透過了解搜尋引擎演算法與優化網站內容與使用者體驗，自然就越有機會獲得較高的流量。以下是三種演算法的簡介：

◎ 熊貓演算法（Google Panda）

熊貓演算法主要是一種確認優良內容品質的演算法，負責從搜索結果中刪除內容整體品質較差的網站，目的是減少內容農場或劣質網站的存在，例如有複製、抄襲、重複或內容不良的網站，特別是避免用目標關鍵字填充頁面或使用

不正常的關鍵字用語，這些將會是熊貓演算法首要打擊的對象，只要是原創品質好又經常更新內容的網站，一定會獲得 Google 的青睞。

◎ 企鵝演算法（Google Penguin）

我們知道連結是 Google SEO 的重要因素之一，企鵝演算法主要是為了避免垃圾連結與垃圾郵件的不當操縱，並確認優良連結品質的演算法，Google 希望網站的管理者應以產生優質的外部連結為目的，垃圾郵件或是操縱任何鏈接都不會帶給網站額外的價值，不要只是為了提高網站流量、排名，刻意製造相關性不高或虛假低品質的外部連結。

◎ 蜂鳥演算法（Google Hummingbird）

蜂鳥演算法與以前的熊貓演算法和企鵝演算法演算模式不同，主要是加入了自然語言處理（Natural Language Processing，NLP）的方式，讓 Google 使用者的查詢，與搜尋搜尋結果更精準且快速，還能打擊過度關鍵字填充，為大幅改善 Google 資料庫的準確性，針對用戶的搜尋意圖進行更精準的理解，去判讀使用者的意圖，期望是給用戶快速精確的答案，而不再是只是一大堆的相關資料。

至於「大腦演算法」（RankBrain）算是蜂鳥演算法的補充加強版，Google 之所以能精準回答用戶的問題，這也就是拜 Rankbrain 所賜，借用 AI 的機器學習（Machine Learning）模式，主要工作分析使用者的搜尋需求與意圖，用來幫助 Google 產生搜尋頁面的結果，讓跳出來的搜尋結果更符合使用者想要的內容，並且幫助 Google 提供用戶更精準與完美的搜尋體驗。

Tips

所謂自然語言處理（Natural Language Processing，NLP）就是讓電腦擁有理解人類語言的能力，也就是一種藉由大量的文本資料搭配音訊數據，並透過複雜的數學聲學模型（Acoustic model）及演算法來讓機器去認知、理解、分類並運用人類日常語言的技術。

機器學習（Machine Learnin）是人工智慧與大數據發展的下一個進程，機器通過演算法來分析數據、在大數據中找到規則，可以發掘多資料元變動因素之間的關聯性，進而自動學習並且做出預測，充分利用大數據和演算法來訓練機器。

☑ 本章 Q&A 練習

1. 網路行銷的定義為何？

2. 請簡述行銷的內容。

3. 什麼是轉換率（Conversation Rate）及投資報酬率 ROI（Return of Investment）？

4. 什麼是五力分析模型（Porter five forces analysis）？

5. 試簡述 STP 理論。

6. 網路行銷有哪五種特性？

7. 搜尋引擎的資訊來源有幾種？試說明之。

8. 什麼是搜尋引擎最佳化（Search Engine Optimization，SEO）？

9. SERP（Search Engine Results Pag，SERP）是什麼？

10. Google 將流量區分為哪五種模式？

11. 何謂長尾效應（The Long Tail）？

12. 何謂網站登錄（DLS）？

13. 試簡述成長駭客（Growth Hacking）。

14. 灰帽 SEO 有何功用？

15. 請簡介蜂鳥演算法。

16. 何謂大腦演算法（RankBrain）？

## 第 2 章

流量變現金的
關鍵字集客魔法

許多網站流量的來源有很大部分是來自於搜尋引擎關鍵字搜尋，現代消費者在購物決策流程中，十個有十一個都會利用搜尋引擎搜尋產品相關資訊，因為每一個關鍵字的背後可能都代表一個購買動機。各位想要做好 SEO，最重要的概念就是「關鍵字」，因為 SEO 就是透過自然排序的方式讓你提升關鍵字排名，不花費廣告預算，對的關鍵字會因為許多人再搜尋，一直導入正確人潮流量，在搜尋引擎上達到網路行銷的機會。

▲ Keyword Tool 工具軟體會替店家找出常用關鍵字

2-1 關鍵字優化行銷

所謂「關鍵字」（Keyword），就是與店家網站內容相關的重要名詞或片語，通常關鍵字可以反應出消費者的搜尋意圖，也是反映人群需求的一種數據，例如企業名稱、網址、商品名稱、專門技術、活動名稱等。關鍵字行銷不但能在搜尋引擎取得免費或付費的曝光機會，還可藉此宣傳企業的產品與品牌，也就是針對使用者的消費習慣而產生的行銷策略。

2-1-1 關鍵字簡介

店家在開始建置網站時，進行關鍵字搜尋是非常重要的步驟，因為當你的網站在消費者輸入關鍵字後，能夠出現在前面的搜尋結果，就像是讓你把商店開在

最精華的蛋黃區地段一樣，消費者只要透過關鍵字就能找到店家，也就代表著有很高的機會被消費者注意與點擊。一般來說，網站的產品或服務內容都會隨著關鍵字展開，最好是也要能在你的網站上經常被提及，關鍵字可以大致區分為「目標關鍵字」（Target Keyword）與「長尾關鍵字」（Long Tail Keyword）兩種。

「目標關鍵字」就是網站的主打關鍵字，也就是店家希望在搜尋引擎中獲得排名的關鍵字，選對目標關鍵字，當然是非常重要的一件事情，通常關鍵字的長度與搜尋量呈現反比，越短的字組搜尋量越大，如果是沒有流量的關鍵字，即使排在第一也是沒有意義。

▲ 目標關鍵字可能佔了網站 30% 左右的流量

通常店家在決定關鍵字最常見的疏忽之一，也就是忽略了 Google 用戶對長尾關鍵字偏好。各位仔細觀察與研究你的網站流量，可能會發現目標關鍵字可能只佔了網站 30% 左右的流量，剩下搜尋進來的關鍵字，大多是不太引人注目的一些「長尾關鍵字」。所謂「長尾關鍵字」（Long Tail Keyword），就是網頁上相對不熱門，但接近目標關鍵字的字詞，通常都是片語或短句，可能就是一般不會最先直接想到的字詞，但描述卻更精準的短句，這些長尾字詞通常競爭度較低，不過也可以帶來部分搜索流量，雖然個別來流量較少，但總流量相加總後，卻是有可能高於目標關鍵字，當然對目標關鍵字也會有推動的作用。例如

對一家專賣瘦身相關的商品。很明顯的，「瘦身」是目標關鍵字，而「如何可以有效瘦身」、「有效瘦身方法推薦」、「專家推薦的有效瘦身方法」等，就是屬於長尾關鍵字。

▲ 長尾關鍵字總流量相加有可能高於目標關鍵字

2-1-2 關鍵字的選擇訣竅

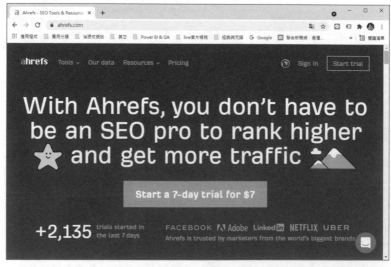

▲ Ahrefs 工具是一套強大的關鍵字優化與分析工具

SEO 就像一場同業之間的激烈競賽,不在於自己的網站有多好,而在於 Google 是不是認為你的網站比其他同行更好。關鍵字策略需要的是長期且穩定的經營,要做好事前研究,再經過不斷的修正和調整。店家要做好關鍵字優化行銷,首先就要分析與選擇關鍵字群,並且真正找到與自己的產品或服務所用的關鍵字,才能找出潛在顧客,藉此提高轉換率。

店家或品牌選用關鍵字的標準除了挑選適合與曝光量高的關鍵字之外,還必須研究與分析潛在消費者的足跡。所謂潛在消費者的足跡,包括用戶在網站上輸入的相關「商品關鍵字」,包括消費者搜尋、點選、瀏覽、加入購物車中的商品資訊等,這些產品數據都能選擇關鍵字的重要參考。大家一定都很關心如何準確選擇適當關鍵字,找出潛在顧客,因為挑選好的關鍵字就像是經營網路行銷一般,關鍵字分析的品質可以影響 SEO 操作的成效,並且考慮到目標客戶(TA)的用詞習性,我們建議在關鍵字的選擇上,商家可以從品牌、商品與需求三個面向來廣泛考量:

◎ 品牌面向

現代行銷的最後目的,我們可以這樣形容:「行銷是手段,品牌才是目的!」。品牌(Brand)就是一種識別標誌,也是一種企業價值理念與商品質優異的核心體現,甚至品牌已經成長為現代企業的寶貴資產,品牌建立的目的即是讓消費者無意識地將特定的產品意識或需求與品牌連結在一起。關鍵字也可從品牌建立的角度來考量,讓消費者在搜尋您的品牌名稱時,可以看見店家網站的訊息,算是一種防守型的關鍵字策略。

◎ 產品面向

產品(Product)是指市場上任何可供購買、使用或消費以滿足顧客欲望或需求的東西,包括了產品組合、功能、包裝、風格、品質、附加服務等。在過去的年代,一個產品只要本身賣相夠好,東西自然就會大賣,然而在現代競爭激烈的網路全球市場中,規模越大的市場,越是擠滿了競爭對手,因為往往提供相似產品的公司絕對不只一家,顧客可選擇對象增多了。當消費者還沒選定要哪間品牌的產品時,會先搜尋產品字,關鍵字必須與您的網站與產品內容有直接關聯的重要字詞,千萬不要挑選與產品完全無關的關鍵字,或者避免使用通用名詞作為主要關鍵字,不同產品類型有不同關鍵字策略,接著才對產品做精準的關鍵字配對。

流量變現金的關鍵字集客魔法

◎ 需求面向

一個成功的網路商家必須不斷地了解顧客對於產品的需求，隨著網路市場擴大及消費行為的改變，目前最主流的產品行銷趨勢則是「顧客需求導向」，也就是從消費者的視角與需求出發，店家應該思考「顧客會輸入什麼字詞」，而不只是一廂情願地思考「我們喜歡使用哪些字詞」。因為關鍵字優化並不只是為了增加網站流量，還要吸引轉換率高的訪客，唯有找出代表潛在顧客需求與商品結合的關鍵字，才能為店家帶來真正的收益。

關鍵字需要鎖定精準族群，每一次的關鍵字搜尋都代表著不同的需求，例如店家目標族群的需求是什麼？這些族群有什麼消費習性？包括可能買主或潛在客戶群所使用的重要字詞，當然關鍵字必須要有一定搜尋量，不過不要重複使用相同關鍵字詞，反而容易碰觸演算法的地雷，核心思維就是想辦法擴張招攬更多有潛在需求的消費者，擴大品牌聲量，作為品牌的形象連結。

2-1-3 關鍵字搜尋趨勢工具──Google Trend

店家或品牌為了能夠找到消費者搜尋常用的關鍵字，因此善用像是 Google Trends 這類的關鍵字規劃工具就是非常重要，「Google 搜尋趨勢」（英語：Google Trends）以前的名稱是「Google 搜尋解析」（Google Insights for Search），是 Google 開發的一款免費服務，可以提供關鍵字的搜尋趨勢及關鍵字的搜尋比較，例如下圖是過去 5 年柯文哲與蔡英文兩位政治人物關鍵字的搜尋趨勢比較：

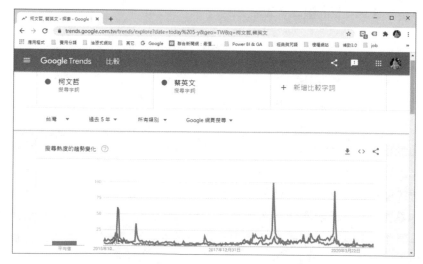

▲ https://trends.google.com.tw/trends

除了這兩個關鍵字之外，也可以觀察到其它相關的關鍵字搜尋：

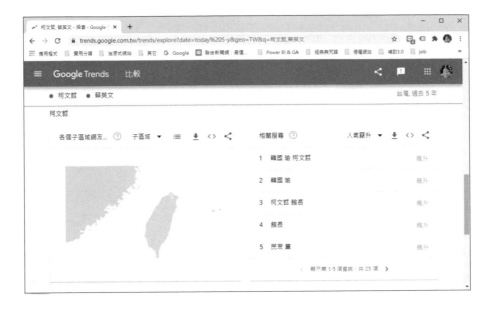

店家藉助這項工具，也可以成為網站 SEO（搜尋引擎最佳化）設定關鍵字的因應策略工具。各位只要輸入關鍵字，就可以透過指定的地區（例如台灣）、時間（例如過去 12 個月）、或資料類別（例如：所有類別、工作與教育類別），提供各位在特定時間區間內，這個關鍵字的目前趨勢或是預測未來可能的趨勢。

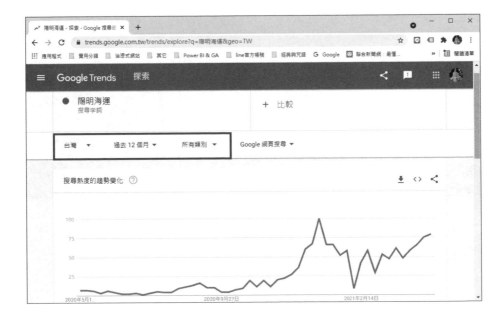

除此之外，「Google 搜尋趨勢」也可以設定資料搜尋的來源，目前可以設定的搜尋來源包括「Google 網頁搜尋」、「Google 圖片搜尋」、「Google 新聞搜尋」、「Google 購物」、「YouTube 搜尋」等，如下圖所示：

當我們連上「Google 搜尋趨勢」的首頁：https://trends.google.com.tw/trends/?geo=TW，只要輸入搜尋字詞或主題，就可以探索世界搜尋趨勢。在首頁中有三個區塊重點：

1. 搜尋範例：建議使用者可以先看看這些範例
2. 最近的熱門搜尋：隨時掌握最新的熱門搜尋
3. 年度搜尋排行榜：可以查看各年份的熱門 Google 搜尋

首先建議各位可以先查看首頁所提供的各種搜尋範例：

例如點擊上圖中的「足球」與「美式足球」的比較範例，會出現如下圖的搜尋趨勢的比較：

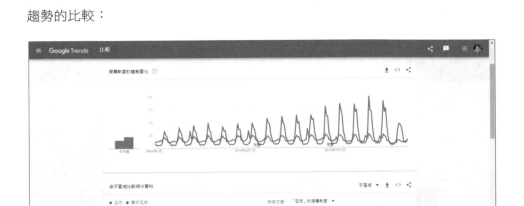

首頁中的第二個區塊重點就是會列出「最近的熱門搜尋」，可幫助各位隨時掌握最新的熱門搜尋，如下圖所示：

最近的熱門搜尋
隨時掌握最新的熱門搜尋

比爾蓋茲	5000+ 筆搜尋	樂華夜市	2000+ 筆搜尋
以太幣	2000+ 筆搜尋	疫情	5萬+ 筆搜尋
湖人	2000+ 筆搜尋	白鼻心	5萬+ 筆搜尋
陽明海運	2000+ 筆搜尋	陳美惠	2萬+ 筆搜尋
馬德里大師賽	2000+ 筆搜尋	地震	2萬+ 筆搜尋

當各位點擊感興趣的主題，就會看到有關該搜尋的相關訊息，例如下圖就是「比爾蓋茲」的相關資訊與相關新聞。

首頁中的第三個區塊是「年度搜尋排行榜」，例如下圖為「2020 年度搜尋排行榜」，在此頁面的重點會列出各種快速竄升的關鍵字、人物、議題、戲劇、電影…等，如下圖所示：

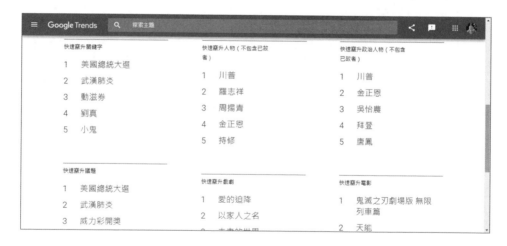

接著就來示範如何以關鍵字來查看它的搜尋趨勢的熱度變化，例如請輸入「蔡英文」：

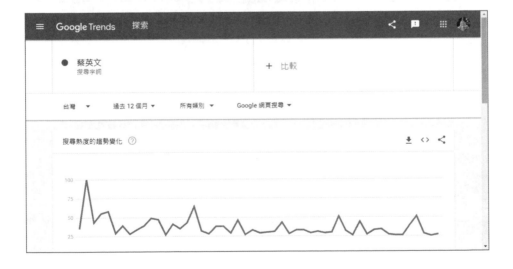

輸入完畢後，按下「ENTER」鍵就可以看到關於「蔡英文」搜尋熱度的趨勢變化，圖表中的數字代表搜尋字詞在特定區域（例如台灣）和時間範圍（例如過去 12 個月）內的熱門程度變化趨勢，並且以圖表中的最高點作為比較的基準點去繪製圖表中的折線圖變化。其中 100 分代表該字詞的熱門程度在那一個時間點達到最高峰，0 分則表示該字詞熱門程度的資料不足。如下圖所示：

流量變現金的關鍵字集客魔法

如果要與他人進行比較，則請於上圖中按下「比較」，接著並輸入第二個關鍵字，例如「柯文哲」，就可以得到這兩個關鍵字搜尋熱度的趨勢變化的比較圖表：

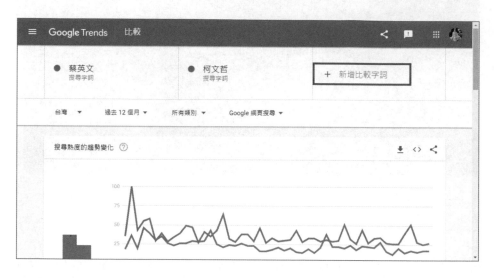

如果還想再新增第三個比較字詞，請於上圖中按下「新增比較字詞」，例如「韓國瑜」，就可以得到如下圖這三個關鍵字詞搜尋熱度的趨勢變化的比較圖表：

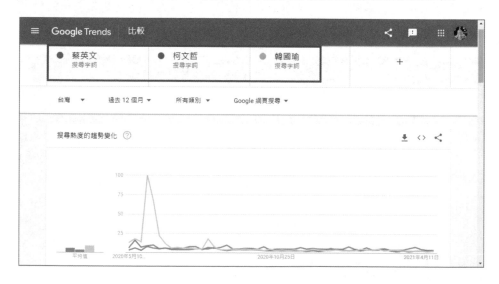

除了這個關鍵字比較之外，也可以按子區域比較細分資料：

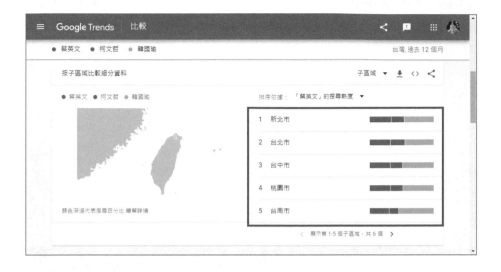

各位不僅可以查看各種子區域的比較資訊，也可以查看這三個關鍵字的相關搜尋，例如「蔡英文 就職 演說」，如下圖所示：

值得注意的是，分析結果與關鍵字順序有高度的關連性，如果關鍵字的位置不同，就會得到不同的結果。例如下圖中如果將關鍵字的位置稍微調整一下前後順序，就可以看出有不同的結果外觀：

流量變現金的關鍵字集客魔法

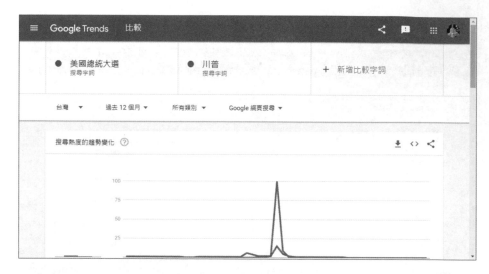

「Google 搜尋趨勢」目前已經被應用在許多領域，例如候選人被討論的程度、重大社會事件、時下流行的主題、股票與金融市場、或是 SEO 關鍵字研究。當各位以「Google 搜尋趨勢」進行 SEO 時，除了觀察關鍵字在特定時間或地區的變化趨勢，也可以透過關鍵字的相關延伸，找到大家關心的其它關鍵字搜尋或是可能的競爭者，甚至還可以觀察 YouTube 影片搜索的關鍵字搜尋的趨勢變化。

還有一項值得注意的特點，就在於除了可以看「地區」的分析結果，還有「竄升」的關鍵字，有了這兩項觀察指標，像是在下圖中我們就能發現人氣正在竄升的疫苗或公司？

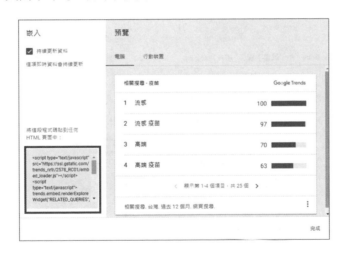

另外「Google 搜尋趨勢」也可以向使用者提供條目搜尋分析的 HTML 代碼，只要按下「<>」（嵌入）鈕，就可以取得 HTML 代碼，再將下圖的這段程式碼貼到任何 HTML 頁面中即可，如下圖所示：

綜合上述的各項操作重點，各位應該注意到「Google 搜尋趨勢」對 SEO 的關鍵字的熱門程度或趨勢研究有很多幫忙，這項服務有幾個主要特點：

1. 它可以一次針對好幾個不同的條目的搜尋行為進行比較。
2. 它可以針對特定的一個條目在不同的地區和時間區間範圍的搜尋行為進行比較。
3. 它也可以提供一些條目來作為未來的搜尋趨勢的預測。
4. 它還可以提供條目搜尋分析的 HTML 代碼，以方便在自己的 WEB 面中嵌入條目的搜尋分析結果。

流量變現金的關鍵字集客魔法

2-2 關鍵字廣告 -Google AdWords

販售商品最重要的是能大量吸引顧客的目光，廣告便是其中的一個選擇，也可以說是指企業以一對多的方式利用付費媒體，將特定訊息傳送給特定的目標視聽眾的活動。傳統廣告主要利用傳單、廣播、大型看板及電視的方式傳播，來達到刺激消費者的購買慾望，進而達成實際的消費行為。

近年來由搜尋引擎急速發展所帶動的「關鍵字廣告」，已經成電視、平面廣告或數位行銷市場的必備元素，就是在搜尋引擎結果頁上投放廣告的一種方式。它的功用可以讓店家的行銷資訊在搜尋關鍵字時，會將店家所設定的廣告內容曝光在搜尋結果最顯著的位置，讓各位以最簡單直接的方式，接觸到搜尋該關鍵字的網友所而產生的商機。

購買關鍵字廣告的客戶網站會出現在較顯著位置

由於關鍵字是「經過用戶自行搜尋後」而產生的結果，如果你想要在短期內快速看到成效，建議你選擇使用「關鍵字廣告」，有助於商家快速打開品牌知名度與開發大量客群，因為 SEO 需要透過時間的累積與建立，這時配合付費的關鍵字廣告可以彌補短時間的流量缺口，避免在市場中失去發展機會。因此購買關鍵字廣告不但成本低效益也高，而成為網路行銷手法中不可或缺的一環，就以國內最熱門的入口網站 Yahoo! 奇摩關鍵字廣告為例，當使用者查詢某關鍵字

時，會出現廣告業主所設定
出現的廣告內容，在頁面中
包含該關鍵字的網頁都將作
為搜尋結果被搜尋出來，這
時各位的網站或廣告可以出
現在搜尋結果顯著的位置，
增加網友主動連上該廣告網
站，間接提高商品成交機會。

▲ 關鍵字行銷

2-2-1　Google AdWords 出價方式

流量變現金的關鍵字集客魔法

Google AdWords（關鍵字廣告）是一種 Google 主推的關鍵字廣告，包辦所有 Google 的廣告投放服務，例如您可以根據目標決定出價策略，選擇正確的廣告出價類型，對於降低廣告費用與提高廣告效益有相當大的助益，例如是否要著重在獲得點擊、曝光或轉換。Google Adwords 的運作模式就好像世界級拍賣會，瞄準你想要購買的關鍵字，出一個你覺得適合的價格，只要你的價格比別人高，你就有機會取得該關鍵字，並在該關鍵字曝光你的廣告。通常 Google Ads 提供三種廣告出價方式來讓客戶選擇：

◎ 著重廣告點擊

一般關鍵字廣告的計費方式是在廣告被點選時才需要付費，「點擊數收費」（Pay Per Click，PPC），就是一種按點擊數付費廣方式，是指搜尋引擎的付費競價排名廣告推廣形式，就是按照點擊次數計費。不管廣告曝光量多少，沒人點擊就不用付錢，多數新手都會使用單次點擊出價。和傳統廣告相較之下，如果主要行銷目標是讓使用者進入您的網站，PPC 關鍵字廣告行銷手法不僅較為靈活，能夠第一時間精準的接觸目標潛在客戶群，容易吸引人潮進入網站，帶來網站流量，廣告預算還可隨時調整，適合大小不同的宣傳活動。此外，由於關鍵字廣告出價高低會影響您的廣告排名，每個關鍵字都有不同競標價，價格取決於關鍵字的廣告熱門程度，店家也可以設定買關鍵字的每次點擊最高出價。

◎ 著重曝光率

如果你希望商品的曝光度能增加，目標為提高品牌知名度，有一種方式「廣告千次曝光費用」（Pay per Mille，PPM），當使用者輸入搜尋關鍵字時，就可以看到商品會出現在搜尋列表中，藉與特定關鍵字的高度連結，強化商品與網站的定位，間接引起使用者可能購買的動機，這種收費方式是以曝光量計費也，就是廣告曝光一千次所要花費的費用，就算沒有產生任何點擊，只要千次曝光就會計費，這種方式對商家的風險較大，不過最適合加深大眾印象，需要打響商家名稱的廣告客戶，並且可將廣告投放於有興趣客戶。

◎ 著重轉換率

目前還有另一種近年來日趨流行的計價收方式 -「實際銷售筆數付費」（Cost per Action，CPA），主要是按照廣告點擊後產生的實際銷售筆數付費，向 Google Ads

告知您願意為每次轉換開發出價支付的金額，轉換通常是指您希望客戶在網站上執行的特定動作（包括成交、參加活動或訂閱電子郵件等等），也就是點擊進入廣告不用收費，目前相當受到許多電子商務網站歡迎。

> 🛒 **Tips**
>
> 即時競標廣告（Real-time bidding，RTB）是近來新興的目標式網路廣告模式，相當適合有強烈行動廣告需求的電商業者，允許廣告主以競標來購買目標對象，由程式瞬間競標拍賣方式，廣告主對某一個曝光廣告出價，價高者得標，廣告主會望除了廣告「被曝光」之外，還要能夠真正帶入「被轉換」，至於目標對象的選定，可以透過消費者的網路瀏覽行為，從而將廣告受眾做更精確的分類，然後利用數據來分析喜好，再精準投放不同的廣告，所以這樣的模式非常彈性，選擇不出價就能省下不必要的浪費。

2-3 Google Ads 關鍵字規劃工具

店家貨品牌在進行關鍵字研究時，除了要根據搜尋意圖選擇關鍵字外，關鍵字搜尋量也是必要的考量因素。接下來我們還要特別介紹 Google 關鍵字規劃工具，可以告訴你心中所臆測的關鍵字在 Google 上的平均搜尋量，不但可以用來選擇合適的關鍵字，接觸合適的目標客戶，甚至能夠找出與該關鍵字相關字詞中，搜尋量較高的關鍵字去做推薦。這個工具的原意是用來規劃 Google 關鍵字廣告，欄位也會顯示購買關鍵字廣告的競爭程度與建議出價金額，運用關鍵字規劃工具發掘更多相關關鍵字，向目標客群顯示您的廣告：

2-3-1 註冊 Google Ads 帳戶

如果要使用 Google Ads 的關鍵字規劃工具，需先申請 Ads 帳號才能使用，因此各位必須要先註冊一個 Google Ads 帳戶，請先確認您使用的瀏覽器是最新版本。Google Ads 支援最新版的 Firefox、Internet Explorer、Safari 和 Chrome 瀏覽器。在建立 Google Ads 帳戶時，必須提供貴公司的電子郵件地址和網站。

流量變現金的關鍵字集客魔法

1. 要申請 Google Ads 帳戶請先連向底下的網址：

   https://support.google.com/google-ads/answer/6366720?hl=zh-Hant

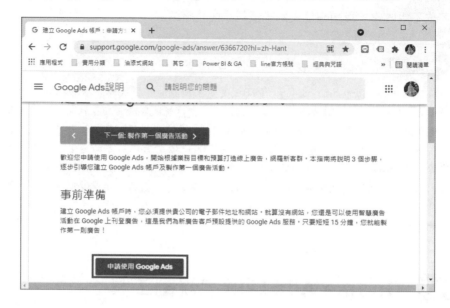

2. 接著按下「申請使用 Google Ads」鈕，會進入下圖視窗：

如果已有 Google 帳戶，可以直接按下「切換 GOOGLE 帳戶」

3. 選擇要登入的帳戶

接著選擇要登入的帳戶

4. 接著就會進入如下圖的「Google Ads」的首頁。

如果要登出「Google Ads」帳戶,請按一下您的 Google 帳戶的圖示,接著執行
「登出」鈕,就可以登出「Google Ads」帳戶,如下圖所示:

流量變現金的關鍵字集客魔法

當各位已登出「Google Ads 帳戶」後，下一次要重新登入時，則可以參考底下的示範步驟進行登入 Google Ads 帳戶的工作。

2-3-2 登入 Google Ads 帳戶

底下各步驟將將示範如何登入 Google Ads 帳戶。

1. 首先請前往 Google Ads 首頁，您可以在 Google 首頁（www.google.com.tw），按下功能選單，接著點擊 Google 相關服務中的「Google Ads」圖示鈕：

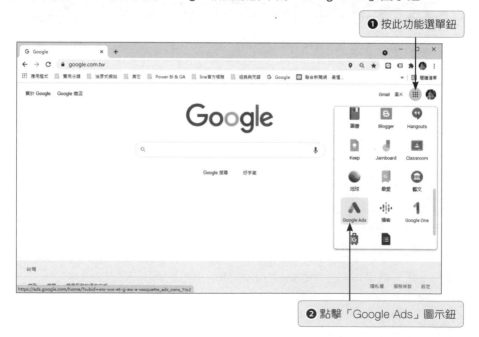

❶ 按此功能選單鈕

❷ 點擊「Google Ads」圖示鈕

2. 進入下圖畫面，點選網頁右上角的「登入」連結。

3. 接著選擇您要登入的帳戶。

4. 在「密碼」欄位中輸入密碼。

5. 密碼輸入完畢後，請按「繼續」鈕，就可以進入「Google Ads」的首頁。

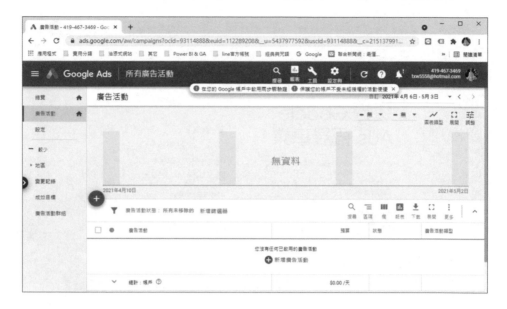

2-3-3　尋找新的關鍵字

「關鍵字規劃工具」每天都會根據最近 7 到 10 天的資料更新預測資料，同時還會依照季節性的各種變動因素進行調整。也就是說，這項工具會一併考慮該期間市場變動的因素。各位可以使用這套免費工具來發掘與自己公司業務相關的新關鍵字，還可以直接透過這項「關鍵字規劃工具」，來查看這些關鍵字的預估搜尋量及指定費用，以作為公司是否要以這類關鍵字來投放廣告。

使用「關鍵字規劃工具」，不但可以幫助各位取得與自家的產品、服務或網站相關的新關鍵字的建議，而且還可以查看所要觀察的關鍵字，每個月可獲得的預估搜尋量及可能的費用。不僅如此，還可以針對關鍵字進行管理，及使用關鍵字企劃書來為廣告活動提高成功的機會。

接著我們就來示範如何使用關鍵字規劃工具，參考步驟如下：

1. 從 Google Ads 首頁進入後，選擇「工具／規劃／關鍵字規劃工具」指令，會進入操作介面。

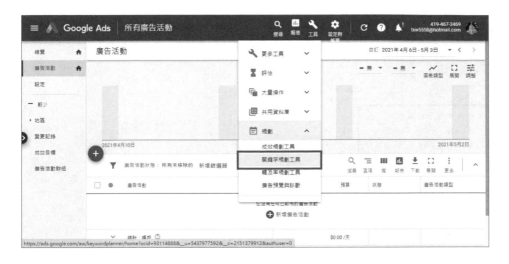

2. 進入下圖畫面，接著請在「關鍵字規劃工具」點擊「尋找新的關鍵字」：

流量變現金的關鍵字集客魔法

3. 並進入下圖畫面，接著在「輸入與您業務密切相關的產品或服務」處，輸入想要查詢搜尋量的詞彙。

4. 此處我們試著輸入「速記法」關鍵字，輸入完畢後按一下「取得結果」鈕。

5. 接著就可以得到關鍵字提案與每月平均搜尋量。

競爭程度高的關鍵字常常是搶奪搜尋結果排名的兵家必爭之地，也能提供我們在進行 SEO 時可以有個底。Google 對於未購買關鍵字廣告的使用者只會顯示搜尋量的所在區間（100 ～ 1000、1 萬～ 10 萬），若想在欄位裡顯示實際的搜尋量，就必須付費購買廣告，這是比較可惜的地方。

2-3-4　取得搜尋量和預測

這項功能以用來查看搜尋量和其他歷年來指標及其成效預測資料。要使用這項功能，請參考底下的示範步驟：

1. 首先請登入 Google Ads 帳戶。登入後請執行「工具／規劃／關鍵字規劃工具」指令，就可以看到如下的畫面：

2. 按一下「取得搜尋量和預測」，會進入下圖視窗，請在搜尋框中輸入或貼上多個關鍵字，每一個關鍵字要以半形逗號隔開：

3. 按下「開始使用」鈕，會進入下圖畫面：

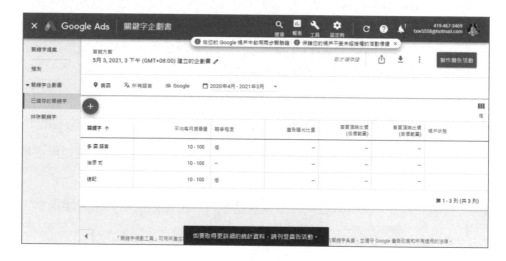

或按照下列操作說明上傳 CSV 檔的關鍵字清單：

Chapter 01

Chapter 02

Chapter 03

Chapter 04

Chapter 05

Chapter 06

Chapter 07

Chapter 08

Appendix A

首先請您先下載「關鍵字範本 .(csv)」，接著以該關鍵字的範本進行修改，例如下圖為筆者加入了兩個關鍵字，加入關鍵字後記得將這個 csv 檔案儲存。

再於前面「上傳檔案」的視窗中按下「從電腦中選取檔案」文字連結，選取好檔案後，最後再於「上傳檔案」的視窗中按一下「提交」鈕，就可以看到如下圖的關鍵字相關顯示搜尋量的所在區間及競爭程度等相關資訊。

1. 關鍵字行銷的作法為何？

2. 什麼是即時競標廣告（Real-time bidding，RTB）？

3. 請説明「目標關鍵字」（Target Keyword）與「長尾關鍵字」（Long Tail Keyword）。

4. 通常關鍵字我們可以簡單從三個面向來考量？

5. 何謂「點擊數收費」（Pay Per Click，PPC）？

6. 試簡述？即時競標廣告」（Real-time bidding，RTB）的優點。

7. 請簡介 Google AdWords（關鍵字廣告）。

8. 請簡述廣告千次曝光費（Pay per Mille，PPM）。

第 **3** 章

秒殺拉客的網站
SEO 贏家祕笈

網路行銷是一種涵蓋十分廣泛的商業交易，許多商家或個人都能透過網路的便利性提供一個新的經營模式來行銷或賺錢，透過網站服務在地化，等於直接將店面開在你家門口。隨著數位交易機制的進步，24 小時購物似乎已經是一件在輕鬆平常的消費方式。對企業面而言，越來越多的網路競爭下，網站設計與推廣也更為重要。

▲ 網站優化設計是網路集客與 SEO 優化的第一要務

一個好的電商網站不只是局限於有動人內容，網站設計、編排和載入速度、廣告版面和表達形態都是影響訪客瀏覽的關鍵因素，店家如何開發出符合消費者習慣的介面與系統機制，也是網路行銷人員的一門重要課題，不論您是為了提升品牌知名度或增加訂單，無非是希望自身網站能夠被越多的潛在顧客看見，許多品牌及電商雖然已架設網站，可卻缺乏了妥善的網站 SEO 操作，導致網站淪為廣告門面，甚至毫無曝光效果。

 Tips

透過瀏覽器在 Web 上所看到的每一個頁面都可以稱為「網頁」（Web Page），網頁可分為「靜態網頁」與「動態網頁」兩種，通常網頁內容只呈現文字、圖片與表格，這類網頁就屬於靜態網頁，如果 HTML 語法再搭配 CSS 語法等等，不僅能讓網頁產生絢麗多變的效果，而且還能與瀏覽者進行互動，就屬於動態網頁。

3-1　網站製作與 SEO 優化錦囊

網站必須看成是整體行銷商品的一種，要怎麼讓網站具有高點閱率就是在設計之前的重點。店家或品牌在進行網站建立與企劃前，首先要對網站建置目的、目標顧客、製作流程、網頁技術及資源需求要有初步認識，特別是 SEO 的元素最好能在架設網站時就應該要優先考量進去。SEO 的核心價值就是讓用戶上網的體驗最優化，說穿了就是例如運用一系列方法讓搜尋引擎更了解你的網站內容，這些方法包括常用關鍵字、網站頁面內（on-page）優化、頁面外（off-page）優化、相關連結優化、圖片優化、網站結構等。接下來我們將會對電商網站製作與 SEO 規劃同步作完整說明，並且告訴各位網站建置完成後的績效評估的依據。下圖即為網站設計的主要流程結構及其細部內容：

3-1-1　網站規劃時期

店家的網站不只作為一個門面，更是虛擬數位電商的網路入口，在進行網站架設時，網站規劃可以說是網站的藍圖，規劃時期是網站建置的先前作業過程，也是有效執行網站 SEO 必不可少的步驟。不論是個人或公司網站，都少不了這個步驟。其實網站設計就好比專案製作一樣，必須經過事先的詳細規劃及討論，然後才能藉由團隊合作的力量，將網站成果呈現出來。

◎ 設定網站的主題及客戶族群

「網站主題」是指網站的內容及主題訴求，以公司網站為例，具有線上購物機制或僅提供產品資料查詢就是二種不同的主題訴求。

- 具有線上購物機制的商品網站

    http://www.momoshop.com.tw/main/Main.jsp

- 僅提供商品資料查品的網站

    http://www.acer.com.tw/

「客戶族群」可以解釋為會進入網站內瀏覽的主要對象,這就好像商品販賣的市場調查一樣,一個愈接近主客戶群的產品,其市場的接受度也愈高。如下圖所示,同樣的主題,針對一般大眾或是兒童,所設計的效果就要有所不同。

- 高雄市稅捐稽徵處的兒童網站

  http://www.kctax.gov.tw/kid/index.htm

- 高雄市稅捐稽徵處的中文網站

  http://www.kctax.gov.tw/tw/index.aspx

其實網站也算是商品的一種，要怎麼讓網站具有高點閱率就是在設計之前的規劃重點，雖然我們不可能為了建置一個網站而進行市場調查，但是若能在網站建立之前，先針對「網站主題」及「客戶族群」多與客戶及團隊成員討論，以取得一個大家都可以接受的共識，必定可以讓這個網站更加的成功。

◎ 多國語言的頁面規劃

在國際化趨勢之下，網站中同時具有多國語言的網頁畫面是一種設計的主流，也能讓 Google 正確將搜尋結果提供給不同語言的用戶。如果有設計多國語言頁面的需求時，也必須要在規劃時期提出，因為產品資料的翻譯、影像檔案的設計都會額外再需要一些時間及費用，先做好詳細規劃才不容易發生問題。如果有提供多國語言的設計，通常都會在首頁放置選擇語言的連結，以方便瀏覽者做選擇。

http://www.ikea.com/

 Tips

進入一個網站時所看到的第一個網頁，通稱為「首頁」，由於是整個網站的門面，因此網頁設計者通常會在首頁上加入吸引瀏覽者的元素，例如動畫、網站名稱與最新消息等等。

3-1-2 SEO 考量下的網站架構圖

在 SEO 優化網站過程中，網站架構是很重要的一環，當店家決定好網站要放那些主題與頁面後，我們就可以來進一步思考要如何安排網站架構，對於網站架構的優化，也是 SEO 十分重視的重點，務必將網站架構調整成 Google 喜歡的樣子，讓在 Google 能夠快速瀏覽網站。網站架構圖主要是要讓你把網站內容架構階層化，後續可以根據這個架構，再去規劃如下圖中的組織結構，也可稱為是網站中資料的分類方式，基本上包含了頁首、頁尾、多層選單、側欄、主頁、個別頁面內容和網址，我們可以根據「網站主題」及「客戶族群」來設計出網站中需要哪些頁面來放置資料。當你的網站有許多頁面時，用選單來妥善整理，無論對於 SEO 或用戶體驗，都能造成好的效果。

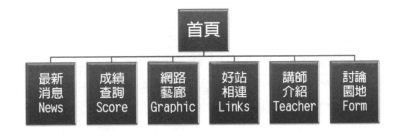

網站架構圖

除了應用在網站設計以外，網站架構圖同時也是導覽頁面中連結按鈕設計的依據，當各位進入到網站之後，就是根據頁面上的連結按鈕來找尋資料頁面，所以一個分類及結構性不完備的網站架構圖，不僅會影響設計過程，也連帶會影響到使用者瀏覽時的便利性。至於選單（Menu）是導引用戶於不同網頁的重要指引功能，可以區分為主選單和子選單，當網站有許多頁面時，用選單來妥善收納整理，無論對於 SEO 或用戶體驗，都能造成好的效果。一般來說，選單不要超過三層，從首頁進來的消費者才能盡快到達所需要的頁面，太長的選單較不容易被搜尋引擎青睞，選單的內容就應包含目標關鍵字。此外，最好將相同主題或類型的頁面結合在一起，SEO 特別喜歡分類頁，分類頁較容易取得高搜尋排名。

http://www.kcg.gov.tw/

秒殺拉客的網站 SEO 贏家祕笈

實用的導覽列，有助於網友了解網站架構及瀏覽資料

◎ 瀏覽動線設計

瀏覽動線就像是車站或機場中畫在地上的一些彩色線條，這些線條會導引各位到想要去的地方而不會迷失方向。不過網頁上的連結就沒有這些線條來導引瀏覽者，此時連結按鈕的設計就顯得非常重。

1. 只有垂直連結順序

   此種連結順序是將所有的導覽功能放置於首頁畫面，使用者必須回到首頁之後，才能繼續瀏覽其他頁面，優點是設計容易，缺點則是在瀏覽上較為麻煩，圖中的箭號就是代表瀏覽者可以連結的方向順序。

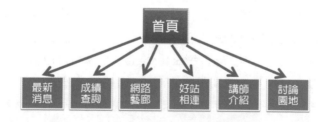

只有垂直連結順序

2. 水平與垂直連結順序

   同時具有水平及垂直連結順序的導覽動線設計擁有瀏覽容易的優點，缺點是設計上較為繁雜。

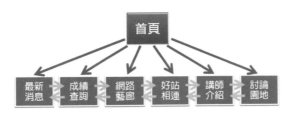

水平及垂直連結順序

不管各位想要採用哪種設計，都一定要經過詳細的討論與規劃，我們還必須釐清頁面的定位與 SEO 優化使用，不同的頁面在進行 SEO 優化有不同意義。有些頁面是熱門的明星頁面，可以成功吸引搜尋流量，而有些頁面並未能成功吸引流量，但很可能具有潛力，最好能與熱門頁面連結，而且除了瀏覽動線的規劃外，在每個頁中都放置可直接回到首頁的連結，或是另外獨立設計一個網站目錄頁面，都是不錯的好方法。

◎ 設定網站的頁面風格

頁面風格就是網頁畫面的美術效果，這裡可再細分為「首頁」及「各個主題頁面」的畫面風格，其中「首頁」屬於網站的門面，所以一定要針對「網站主題」及「客戶族群」二大需求進行設計，同時也相當強調美術風格。至於「各個主題頁面」因為是放置網站中的各項資料，所以只要風格和「首頁」保持一致，畫面不需要太花俏。

- 首頁

  http://www.icoke.hk/

秒殺拉客的網站 SEO 贏家祕笈

- 各主題頁面

另外各個頁面中的連結文字或圖片數量則是依據「瀏覽動線」的設計來決定。在此建議各位先在紙上繪製相關草圖,再由客戶及團隊成員共同決定。

◎ 工作分配及繪製時間表

專業分工是目前市場的主流,在設計團隊中每個人依據自己的專長來分配網站開發的各項工作,除了可以讓網站內容更加精緻外,更可以大幅度的縮減開發時間。

不過專業分工的缺點是進度及時間較難掌控,也因此在分工完成後,還要再繪製一份開發進度的時間表,將各項設計的內容與進度作詳細規劃,同時在團隊中,也要有一個領導者專司進度掌控、作品收集及與客戶的協調作業,以確保各個成員的作品除了風格一致外,也可滿足客戶的需求。

3-1-3 網站內容與資料收集

網路行銷手段與趨勢不管如何變化發展,網站內容絕對都會是其中最為關鍵的重中之重,寫得越深入的文章才能夠提供讀者越詳盡資訊,因此也會被認定是品質好的文章。一篇好的網站內容就像說一個好故事,沒人愛聽大道理,一個觸動人心的故事,反而更具行銷感染力,每個故事就是在描述一個產品,成功之道就在於如何設定內容策略,幫你的產品或服務說一個好故事。我們知道任何再高明的行銷技巧都無法幫助銷售爛產品一樣,如果網站內容很差勁,SEO能起到的作用是非常有限,只要內容對使用者有價值,自然就會被排序到好的排名。

正所謂「內容者為王」（Content is King），SEO 必須搭配高品質的內容呈現，才有辦法創造真正有效的流量，如果各位想快速得到搜尋引擎的青睞，第一步就必須懂得如何充實網站內容，經由內容分享以及提升，吸引人們到你的社群媒體或行動平台進行觀看，默默把消費者帶到產品前，引起消費者興趣並最後購買產品。

▲ 紅牛（Red Bull）網站長期經營與運動相關的原創優質內容

由於搜尋引擎特別對於原創性內容會予更高的權重，持續增加新內容也對網站有益，或者讓消費者多多在網站上留言，發布在社群媒體報導中發燒的主題或時事。當然最重要是持續更新文章內容，讓內容永不過時。事實上，各行各業都有其專業內容，不妨站在使用者的角度寫出可以「搶排名」的內容，讓網頁內容能夠符合企業期待的需求，不過創造的內容還是為了某種行銷目的，銷售意圖絕對要小心藏好，透過優化網站內容最能符合搜尋引擎排名演算法規則。

沒有定期寫文章，根本不用談 SEO ！許多網站建構後很多內容都一成不變，完全沒有更新資訊，這些都會導致網頁相似度太高，除了更新資訊，還必須不斷地找出產業關鍵字，不斷建立優質的文章，當然也不能只是每天產生一堆內容，必須長期經營與追蹤與顧客的互動。一般來說網頁文章頁面太長也不好，對於一個主題而言，如果分開成兩三個較短的頁面，絕對會比一整個長頁面獲得到更好的評價，而且網站內盡量避免網頁內容重複，因為這樣反而會有扣分的效果，都會讓搜尋引擎覺得網站不夠專業，甚於降低 SEO 的排名順序。

秒殺拉客的網站 SEO 贏家祕笈

就以建構一個購物網站為例，商品照片、文字介紹、公司資料及公司 Logo 等，都是必須要店家提供。各位可以根據網站架構中各個頁面所要放置的資料內容，來列出一份詳細資料清單，然後請客戶提供，此時可以請團隊中的領導者隨時和客戶保持連絡，作為成員與客戶之間溝通的橋樑。

http://www.nokia.com.tw/find-products/products

需要較多商品資訊及圖片的網站

3-1-4 網站設計

網站設計時期已經進入到網站實作的部份，這裡最重要的是後面的整合及除錯，如何讓客戶滿意整個網站作品，都會在這個時期決定。除了內容主題的文字之外，同時也要考量到頁面佈局及配色的美觀性，店家都應該透過觀察訪客在網路商店上的活動路線，調整版面設計以方便顧客的瀏覽體驗，讓付款過程更加順暢，每位瀏覽者都能對設計的網站印象深刻。

各位在逛百貨公司時經常會發現對於手扶梯設置、櫃位擺設、還有讓顧客逛店的動線都是特別精心設計，就像網站給人的第一印象非常重要，尤其是「首頁」（Home Page）與「到達頁」（Landing Page），通常店家都會用盡心思來設計和編排，首頁的畫面效果若是精緻細膩，瀏覽者就更有意願進去了解。以商品

網站來看，不外乎是商品類型、特價活動與商品介紹等幾大項，我們可以將特價活動放置在頁面的最上方，以吸引消費者目光，也能在最上方擺放商品類型的導覽按鈕，以利消費者搜尋商品之用。例如導覽列按鈕有位在頁面上端，也有置於左方的布局，另外，許多的網站由於規劃的內容越來越繁複，所以導覽按鈕擺放的位置，可能左側和上方都同時存在，請看以下範例參考：

> **Tips**
>
> 網路上每則廣告都需要指定最終到達的網頁，「到達頁」（Landing Page）就是使用者按下廣告後到直接到達的網頁。由於所有的流量都會自該頁面「登陸」，特別是刊登關鍵字廣告與點擊連結後的到達頁有高度的關聯性，所以到達頁的好壞就會影響著「轉換率」，所以如何製作一個好的到達頁對 SEO 是很重要。到達頁和首頁最大的不同，就是到達頁只有一個頁面就要完成讓訪客馬上吸睛的任務，通常這個頁面是以誘人的文案請求訪客完成購買或登記。

- 將導覽列按鈕置於上方的頁面佈局

秒殺拉客的網站 SEO 贏家祕笈

- 將導覽列按鈕置於左側的頁面佈局

做網站設計的時候，色彩也是一個非常重要的設計要點，色彩也是以「專業」特質為配色效果來看，要隨著不同的頁面佈局，而適當的針對配色效果中的某個顏色來加以修正，看看怎樣的顏色搭配，才能呈現網站風格特性，下面就是一些配色的網站範例：

- 冷色系給人專業 / 穩重 / 清涼的感覺

- 暖色系帶給人較為溫馨的感覺

- 顏色對比強烈的配色會帶給人較有活力的感覺

3-1-5 網站上傳

網站完成後總要有一個窩來讓使用者可以進入瀏覽，網站上傳工作就單純許多，這裡只是將整個網站內容，放置到伺服器主機或是網站空間上。成本及主機功能是這個時期要考量的因素，如何讓成本支出在容許的範圍內，又可以使得網站中的所有功能能夠順利使用，就是這個時期的重點。

目前使用的方式有「自行架設伺服器」、「虛擬主機」及「申請網站空間」等三種方式可以選擇，如果以功能性而言，自行架設伺服器主機當然是最佳方案，但是建置所花費的成本就是一筆不小的開銷。如果以一般公司行號而言，初期採用「虛擬主機」是一個不錯的選擇，而且可以視網站的需求，選用主機的功能等級與費用，將自行架設伺服器主機當作公司中長期的方案，其中的差異請看如附表中的說明。

 Tips

「虛擬主機」（Virtual Hosting）是網路業者將一台伺服器分割模擬成為很多台的「虛擬」主機，讓很多個客戶共同分享使用，平均分攤成本，也就是請網路業者代管網站的意思，對使用者來說，就可以省去架設及管理主機的麻煩。網站業者會提供給每個客戶一個網址、帳號及密碼，讓使用者把網頁檔案透過 FTP 軟體傳送到虛擬主機上，如此世界各地的網友只要連上網址，就可以看到網站了。

項目	架設伺服器	虛擬主機	申請網站空間
建置成本	最高 （包含主機設備、軟體費用、線路頻寬和管理人員等多項成本）	中等 （只需負擔資料維護及更新的相關成本）	最低 （只需負擔資料維護及更新的相關成本）
獨立 IP 及網址	可以	可以	附屬網址 （可申請轉址服務）
頻寬速度	最高	視申請的虛擬主機等級而定	最慢
資料管理的方便性	最方便	中等	中等
網站的功能性	最完備	視申請的虛擬主機等級而定，等級越高的功能性越強，但費用也越高	最少
網站空間	沒有限制	也是視申請的虛擬主機等級而定	最少
使用線上刷卡機制	可以	可以	無
適用客戶	公司	公司	個人

企業導入 SEO 不僅僅是為了提高在搜尋引擎的排名，主要是用來調整網站體質與內容，整體優化效果所帶來的流量提高及獲得商機，其重要性要比排名順序高上許多。此外，搜尋引擎還有所謂的「當地網站搜尋優先」（Local Search）的概念，搜尋引擎會以搜尋者所在的位置列入優先考量，各位如果在台灣地區進行搜尋，搜尋引擎通常以台灣的網站為優先，如果您的網站希望出現是在 google.com 英文搜尋結果的第一頁，那麼各位主機的 IP 位置，建議最好設立在美國。

3-1-6　維護及更新

電商網站的交易與行銷過程大都是數位化方式，所產生的資料也都儲存在後端系統中，因此後端系統維護管理相當重要。對網站運行狀況進行監控，發現運行問題及時解決，並將網站運行的相關情況進行統計，後端系統必需提供相關的資訊管理功能，如客戶管理、報表管理、資料備份與還原等，才能確保電子商務運作的正常。

網路上誰的產品行銷能見度高、消費者容易買得到，市佔率自然就高，定期對網站做內容維護及資料更新，是維持網站 SEO 競爭力的不二法門。我們可以定期或是在特定節日時，改變頁面的風格樣式，這樣可以維繫網站帶給瀏覽者的新鮮感。而資料更新就是要隨時注意的部份，避免商品在市面上已流通了一段時間，但網站上的資料卻還是舊資料的狀況發生。

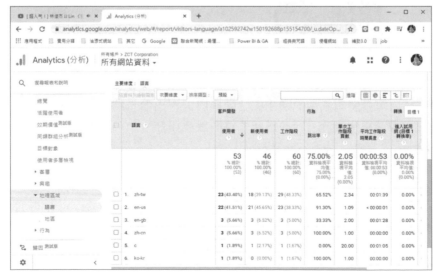

▲ GA 會提供網站流量、訪客來源、行銷活動成效、頁面拜訪次數等訊息

網站內容的擴充也是更新的重點之一，網站建立初期，其內容及種類都會較為單純。但是時間一久，慢慢就會需要增加內容，讓整個網站資料更加的完備。對於已經運行一段時間的網站，則可以透過 Google Analytics 知道那些頁面是熱門頁面。對於一些已經沒有帶來多少人流的過氣頁面，如果網頁內容已經過時，可以考慮更新或改善該網頁的內容。

3-2 網站運作原理與 SEO

電商網站在 Web 上的運作模式透過網路客戶端（Client）的程式去讀取指定的文件，並將其顯示於您的電腦螢幕上，而這個客戶端（好比我們的電腦）的程式，就稱為「瀏覽器」（Browser）。目前市面上常見的瀏覽器種類相當多，各有其特色。

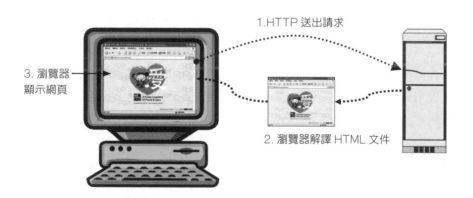

1.HTTP 送出請求

3. 瀏覽器顯示網頁

2. 瀏覽器解譯 HTML 文件

例如我們可以使用家中的電腦（客戶端），並透過瀏覽器來開啟某個購物網站的網頁。這時家中的電腦會向購物網站的伺服端提出顯示網頁內容的請求。一旦網站伺服器收到請求時，隨即會將網頁內容傳送給家中的電腦，並且經過瀏覽器的解譯後，再顯示成各位所看到的內容。

> **Tips**
>
> 所謂超連結就是 Web 上的連結技巧，透過已定義好的關鍵字與圖形，只要點取某個圖示或某段文字，就可以直接連結上相對應的文件。而「超文件」是指具有超連結功能的文件。

3-2-1 URL 簡介

URL 全名是「全球資源定址器」（Uniform Resource Locator），主要是在 WWW 上指出存取方式與所需資源的所在位置來享用網路上各項服務。由於網址（URL）是連結網路花花世界一個必不可少的元素，也是指向自身網頁的一個標籤，URL 的處理在 SEO 中也是同樣重要的指標，對網站 SEO 友善（SEO-Friendly）的網址必須清楚簡潔，在架構網頁時，經過妥善規畫後的網址，可以同時讓搜尋引擎與用戶輕易的理解所連結頁面的主要內容，而且所有電商網站中有關網頁的網址最好都應該定向轉址到 URL。

使用者只要在瀏覽器網址列上輸入正確的 URL，就可以取得需要的資料，例如「http://www.yahoo.com.tw」就是 yahoo! 奇摩網站的 URL，而正規 URL 的標準格式如下：

```
protocol://host[:Port]/path/filename
```

其中 protocol 代表通訊協定或是擷取資料的方法，常用的通訊協定如下表：

通訊協定	說明	範例
http	HyperText Transfer Protocol，超文件傳輸協定，用來存取 WWW 上的超文字文件（hypertext document）。	http://www.yam.com.tw（蕃薯藤 URL）
ftp	File Transfer Protocol，是一種檔案傳輸協定，用來存取伺服器的檔案。	ftp://ftp.nsysu.edu.tw/（中山大學 FTP 伺服器）
mailto	寄送 E-Mail 的服務	mailto://eileen@mail.com.tw
telnet	遠端登入服務	telnet://bbs.nsysu.edu.tw（中山大學美麗之島 BBS）
gopher	存取 gopher 伺服器資料	gopher://gopher.edu.tw/（教育部 gopher 伺服器）

我們知道網路上辨別電腦的方式是利用 IP Address，而一個 IP 共有四組數字，很不容易記，因此，我們可以使用一個有意義又容易記的名字來命名，這個名字我們就叫它「網域名稱（Domain Name）」。host 可以輸入網域名稱（Domain Name）或 IP Address，每一個網域名稱都是唯一的，不能夠重覆，網域名稱的命名是有規則的，每組文字都代表不同意義，其架構如下：

```
主機名稱. 網站名稱. 組織類別代碼. 國別碼
```

秒殺拉客的網站 SEO 贏家祕笈

例如台灣大學的網域名稱是：

```
www.ntu.edu.tw
```

由左到右各組文字的意義如下：

- 「www」：代表全球資訊網。
- 「ntu」：代表臺灣大學。
- 「edu」：代表教育機構、學校。
- 「tw」：代表台灣。

其中「網站名稱」是網站管理者自訂的名稱，「國別代碼」是指網站註冊的國家，在我國註冊的網站，國別代碼是「tw」，網路常見的國別代碼請參考下表：

中文國名	英文國名	國別代碼
台灣	Taiwan	tw
德國	Germany	de
英國	United Kingdom	uk
法國	France	fr
香港	Hong Kong	hk
義大利	Italy	it
日本	Japan	jp
韓國	South Korea	kr
俄羅斯	Russian Federation	ru
新加坡	Singapore	sg
中國	China	cn

由於網際網路是由美國發展出來，起初網域名稱就沒有國別代碼，到現在美國的網域名稱仍不需要加上國家代碼。「組織類別代碼」或稱為頂層網域 (TLDs) 可以讓瀏覽者輕易分辨網站的類別，例如商業機構是「com」，教育機構是「edu」，如下表所示：

組織類別	說明
com	商業機構
edu	教育機構、學校
gov	政府機構

組織類別	說明
int	國際組織
mil	軍事機關
org	非營利組織
net	網路服務供應商（ISP）

[:port] 是埠號，用來指定用哪個通訊埠溝通，每部主機內所提供之服務都有內定之埠號，在輸入 URL 時，它的埠號與內定埠號不同時，就必須輸入埠號，否則就可以省略，例如 http 的埠號為 80，所以當我們輸入 yahoo! 奇摩的 URL時，可以如下表示：

```
http://www.yahoo.com.tw:80/
```

由於埠號與內定埠號相同，所以可以省略「:80」，寫成下式：

```
http://www.yahoo.com.tw/
```

因為搜尋引擎的排序結果也會納入網址內容，將各位選取的關鍵字插入網址（URLs）絕對能讓網站的排名更上一層樓，如果選擇淺顯易懂的網址，會比沒意義的網址更讓搜尋引擎容易識別，搜尋引擎較偏好擁有敘述性的網址。例如與動態網址比起來，靜態網址相對較有敘述性，這也代表了該網站可能擁有較高的品質，否則會影響到 SEO 搜尋排名。

有些網址過於冗長奇怪的符號一堆，也會降低其他用戶分享的意願，過長的網址搜尋時也會有遭到截斷的可能。請留意！不管是換網域還是換網址，任何一點網址有關的更動，都會影響到搜尋引擎對網站原先的排名。當你在設計網頁的選定哪種 URL 時，可以選擇統一使用英文，相對來說也會容易被全世界的消費者搜尋到。

🛒 **Tips**

在 SEO 優化過程中，301 轉址（301 Redirect）相當重要，只要是涉及「網址」的更動，也就是如果店家需要變更該網頁的網址，就可以使用伺服器端 301 重新導向，即是將舊網址永久遷移至新網址，也能指引 Google 檢索正確的網址位置。如果少了這個動作，Google 是會將舊網址與新網址認定是各自獨立的網頁。

秒殺拉客的網站 SEO 贏家祕笈

此外，我們在瀏覽網頁的時候，有時候頁面中會提示 404 not found 訊息，這是代表客戶端在瀏覽網頁時，伺服器無法正常提供訊息，多半是所存取的對應網頁已被刪除、移動或從未存在，如果網站中出現過多 404 not found 訊息，也是 SEO 的扣分題。

3-2-2 安全插槽層協定（SSL）

「安全插槽層協定」（Secure Socket Layer，SSL）是一種 128 位元傳輸加密的安全機制，由網景公司於 1994 年提出，是目前網路交易中最多廠商支援及使用的安全交易協定。目的在於協助使用者在傳輸過程中保護資料安全。SSL 憑證包含一組公開及私密金鑰，以及已經通過驗證的識別資訊，並且使用 RSA 演算法及證書管理架構，它在用戶端與伺服器之間進行加密與解密的程序。目前大部分的網頁伺服器或瀏覽器，都能夠支援 SSL 安全機制，其中更是包含了微軟的 Internet Explorer 瀏覽器。

2014 年時 Google 官方正式宣布，https 已被列入搜尋引擎的演算法重要參考之一，並於 2017 年 1 月宣佈裝 SSL 的網站會給比較好的網站權重並優先收錄，所以安裝 SSL 可以得到較好的排名。只要店家的網站有確實安裝 SSL 的認證，通訊協定就會從 http 改變為 https（Hypertext Transfer Protocol Secure，超文字安全傳輸協定）。例如想要防範網路釣魚首要方法，必須能分辨網頁是否安全，一般而言有安全機制的網站網址通訊協定必須是 https://，而不是 http://，https 是組合了 SSL 和 http 的通訊協定，另一個方式是在螢幕右下角，會顯示 SSL 安全保護的標記，在標記上快按兩下滑鼠左鍵就會顯示安全憑證資訊 SSL 的存在目的就是將資料加密並提高安全性，由於採用公鑰匙技術識別對方身份，受驗證方須持有認證機構（CA）的證書，其中內含其持有者的公共鑰匙。不過必須注意的是，使用者的瀏覽器與伺服器都必須支援才能使用這項技術，目前最新的版本為 SSL3.0，並使用 128 位元加密技術。由於 128 位元的加密演算法較為複雜，為避免處理時間過長，通常購物網站只會選擇幾個重要網頁設定 SSL 安全機制。當各位連結到具有 SSL 安全機制的網頁時，在瀏覽器下網址列右側會出現一個類似鎖頭的圖示，表示目前瀏覽器網頁與伺服器間的通訊資料均採用 SSL 安全機制：

採用 SSL 協定

使用 SSL 最大的好處，就是消費者不需事先申請數位簽章或任何的憑證，就能夠直接解決資料傳輸的安全問題。如果您的網站是有消費者輸入個人隱私等資訊，尤其是電商平台，透過 SSL 安全憑證讓資料傳遞加密處理，會更確保資訊傳遞的安全性。至於最新推出的傳輸層安全協定（Transport Layer Security，TLS）則是由 SSL 3.0 版本為基礎改良而來，會利用公開金鑰基礎結構與非對稱加密等技術來保護在網際網路上傳輸的資料，使用該協定將資料加密後再行傳送，以保證雙方交換資料之保密及完整，在通訊的過程中確保對象的身份，提供了比 SSL 協定更好的通訊安全性與可靠性，避免未經授權的第三方竊聽或修改，可以算是 SSL 安全機制的進階版。

3-3 HTML 網頁的 SEO 視角

HTML（HyperText Markup Language，超文字標記語法）是一種純文字型態的檔案，並不是一種「程式」語言，簡單來說，它以一種標記的方式來告知瀏覽器以何種方式來將文字、圖像、選單等網站結構多媒體資料呈現於網頁之中，是一種用於建立網頁的基礎語法，因為這類 HTML 構成的網頁文件並不具有動態變化能力，所以也稱之為「靜態網頁」。通常網頁的主檔名為 index 或 default，副檔名則為 htm、html 等。HTML 文件是像一般文字檔一樣，可用任何文書編輯器（例如記事本）來編輯產生。編輯完成後只要存成 .htm 或 .html 的檔案格式就可以使用瀏覽器開啟瀏覽該份文件。

秒殺拉客的網站 SEO 贏家祕笈

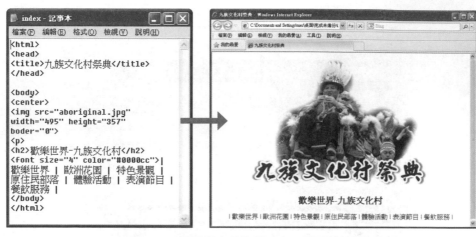

▲ Google 網路爬蟲看的是 HTML 網頁原始碼

相信許多行銷菜鳥在接觸 SEO 時，所遇到最大的門檻就是沒有 HTML 網頁的基礎觀念，由於 HTML 語法掌管網站的呈現與搜尋引擎爬取的結果，各位如果想要完整了解 SEO 操作，首先就要對 HTML 語言有一定程度了解。因為進行 SEO 設定時，不但要檢查 HTML 網頁內容，也會需要利用 HTML 標籤來進行深入的優化設定，由於網頁是由許多 HTML 標籤所構成，有些 HTML 標籤對 Google 演算法有較高的影響力，以下我們將會為各位重點介紹。

3-3-1 HTML 網頁初體驗

當各位建立好一份 HTML 文件之後，只要開啟瀏覽器讀取該檔案，就可以依照 HTML 標記的指示，將 HTML 文件以網頁的方式呈現在瀏覽器中。要建立一份 HTML 文件，可以直接開啟記事本，依據一般的文字輸入即可。

1. 開啟「記事本」程式，鍵入如圖的文字內容

開啟「記事本」程式，鍵入如圖的文字內容

2. 輸入完畢與儲存檔案後，按滑鼠兩下於檔案圖示上，即可看到完成的網頁畫面。

HTML 文件主要藉由標籤（tags）來標示文件中語法的開始與結束。除了 <p>、
、<hr>、<img> 等之外，大部分的標記都是成雙成對，分別宣告該語法的開始與結束，在使用上並無大小寫之分。

標籤	說明
<HTML></HTML>	表示 HTML 文件的起始與結束。
<HEAD></HEAD>	這是 HTML 的起頭符號，讓閱讀文件者了解此為程式的開頭。
<TITLE></TITLE>	網頁的標題名稱，它會顯示在瀏覽器的標題列上。
<BODY></BODY>	文件的主要內文部份。在 <BODY></BODY> 之間的 HTML 標記經瀏覽器解讀之後，會顯示在瀏覽器中，也就是瀏覽者所看到的畫面，此部份也是搜尋引擎最關心的地方。

其中標題標籤（Title）常放置於 <head>…</head> 之間，用來表達網頁標題的資訊，這部分是 Google 最先看到的區塊，清楚規劃非常重要，在 SEO 搜尋排名也占了非常重要的因素，就好像是一本書的書名，不僅是決定使用者第一眼的印象，這裏更是放置關鍵字的最佳位置。格式如下：

```
<head>
<title>油漆是速記法 - 榮欽科技</title>
</head>
```

設置網頁標題可以幫助爬蟲將網頁做初步歸納，這有助於搜尋引擎清楚「關鍵字」與「網頁內容」之間的關聯性，除了搜尋結果頁面，網頁標題還會出現在網頁瀏覽器上。請注意！標題標籤中務必出現這個頁面的關鍵字或者關鍵字片語。

至於 Meta Description 即是「描述標籤」，和網頁標籤算是形影不離，互利共生的好兄弟！描述標籤主要是註解網頁重要資訊給搜尋引擎，可以用來簡短描述網頁內容的，例如網站的敘述，包含公司名稱、主要產品和關鍵字等。好好撰寫一段簡潔、容易了解的描述，對於搜尋引擎會有很大的吸引力，好像一本書的封面封底說明文。這區間內的文字也會顯示在搜尋結果裡面，並不會呈現在網頁上被使用者看到，只有在原始碼和搜尋結果中才能看到，其中的文字不會影響網頁的呈現效果。Meta Description，格式如下：

```
<HEAD>

<meta name="description" content="油漆式速記法是一種在潛移默化中喚起大腦潛能的記憶法。">

</HEAD>
```

3-3-2　SEO 相關的重要標籤

HTML 就是由一堆標籤所組成的網頁架構，在 HTML 標籤中，例如 Header 即代表網頁內容的標題，就像文章標題，也是用來增加 SEO 吸引力，引導訪客進一步瀏覽頁面的重要元素，例如：<h1>…</h1>。如果在網頁內文中提到了重點關鍵字，建議最好設置粗體，使爬蟲程式更快找到網站重點，這也會吸引到搜尋者的眼球。

Header 標籤是用來辨識一個頁面的關鍵區塊的方式，搜尋引擎將他們當成線索，來釐清一個頁面的內容。標題字的變化可以提高瀏覽者的注意力，是代表網頁內容的標題，就像文章標題，在 HTML 語法中是以 <H> 表示開始，</H> 表示結束，從最大的 <H1> 到最小的 <H6>，共有 6 種選擇。若要控制對齊的方向，可加入 <ALIGN 屬性 > 來設定「齊中 CENTER」、「齊左 LEFT」、「齊右 RIGHT」，而標記名稱與屬性之間及屬性與屬性之間必須使用空白字元間隔。

【範例】

```
<HTML>
<HEAD>
<TITLE>標題字大小的變化</TITLE>
</HEAD>
<BODY>
<H1 ALIGN=RIGHT>標題字H1靠右對齊</H1>
<H2 ALIGN=LEFT>標題字H3靠左對齊</H2>
<H3 ALIGN=CENTER>標題字H5對齊中央</H3>
</BODY>
</HTML>
```

【執行結果】

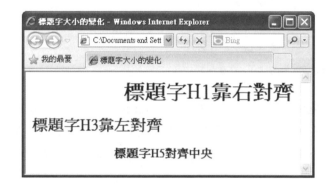

H1 在 SEO 中佔有相當重要的地位，是一個頁面的主要標題，重要性僅次於 Title，也是引導訪客進一步瀏覽頁面的重要元素，所以將網頁內目標關鍵字規劃在 <h1> 中是相當重要的，而一個網頁只能有一個 H1 標籤。下一個層級的標題，則是使用 H2 Heading。善用標頭標籤 H1-H6（<h1>、<h2>…）除了將字體放大，也可以強調文字的重要性與關聯性，如果將重要的關鍵字埋入 Header 標籤中。

文字格式的常用的標記除了 <H1> 到 <H6> 之外，還有 <FONT>、<B>、<I>、<U>、<SUP>、<SUB>，我們以表格說明如下：

秒殺拉客的網站 SEO 贏家祕笈

標記	標記
`<FONT></FONT>`	FONT 的屬性有 SIZE、COLOR 和 FACE 三種： size 屬性： 用來設定文字大小，設定值可以是等級（1-7），也可以用「+」、「-」號來設定文字大小。 color 屬性： 設定字體顏色，通常以十六進位法來設定紅、藍、綠三色的比值，例如：`<FONTt COLOR="0000FF">`。 face 屬性： 用來設定字型，如果瀏覽器沒有各位所設定的字型時，會以預設的「細明體」字型來顯示。
`<B></B>`	將文字設為粗體字。
`<I></I>`	將文字設為斜體字。
`<U></U>`	將文字加上底線。
`<SUP></SUP>`	文字以上標字顯現。
`<SUB></SUB>`	文字以下標字顯現。

請注意！另一個和文字字型大小的標記是 <font size>，這兩者間有一點差異，其中 <h> 標記會在設定標題的同時自動加粗字體，還會自動換行，至於 <font size> 則不會換行也不會加粗字體，其中 size 可允許設定的值為 1-7，例如：

【範例】

```
<HTML>
<HEAD>
<TITLE>字元格式變化</TITLE>
</HEAD>
<BODY>
<FONT SIZE=1>改<FONT SIZE=2>變<FONT SIZE=3>字<FONT SIZE=5>
型<FONT SIZE=6>大<FONT SIZE=7>小</FONT>
<B><FONT COLOR=#FF0000>記得哦!</FONT></B>
（a+b）<SUP>2</SUP>=a<SUP>2</SUP>+2ab+b<SUP>2</SUP>
</BODY>
</HTML>
```

【執行結果】

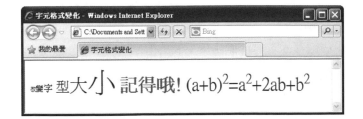

【範例】

```
<Html>
<Body>
<H4>針對文字做變化的標籤此處等級為第4級</H4>
<H2>針對文字做變化的標籤此處等級為第2級</H2>
<Font Color="Blue" Size=6>此標記可針對特定的文字區塊
改變大小及色彩
</Body>
</Html>
```

針對文字做變化的標籤此處等級為第4級

針對文字做變化的標籤此處等級為第2級

此標記可針對特定的文字區塊改變大小及色彩

<font> 標記如果搭配 face 屬性，可以指定字型，其用法如下：

```
<font face=第1種字型,第2種字型,…>
```

至於 <font> 標記如果搭配 color 屬性，可以指定文字的色彩：

```
<font color="FFFF00" 文字的顯示顏色>
```

 Tips

由於瀏覽器會將網頁中的換行視為空白字元，因此在網頁中要達成段落或換行的目的，就需要使用 <p> 或
 這兩個 HTML 標籤了。其中
 標記能為您做換行的動作，但 <p> 標記除了和
 標記一樣可以進行換行的動作外，還會另外增加一個空白列。

秒殺拉客的網站 SEO 贏家祕笈

- nav 標籤：只要是在網站內的導航區塊，都適合使用 <nav> 標籤，可以用來連結其他頁面，或者連結到網站外的網頁，例如主選單、頁尾選單等，能讓搜尋引擎把這個標籤內的連結視為重要連結，不過並不是所有的連結都需要包在 <nav> 標籤裡面，它僅適用於主要的導航連結。

- nofollow 標籤：由於連結是影響搜尋排名的其中一項重要指標，nofollow 標籤就是用於向 Google 表示目前所處網站與特定網站之間沒有關連，這個標籤是在告訴搜尋引擎，不要前往這個連結指向的頁面，因為僅僅是提供資訊而已，也不要將這個連結列入權重。

```
<a href="網址"rel="nofollow">
```

- strong 標籤：用以加強文字的效果，例如粗體文字，不過 <B></B> 標籤雖然也會將包裹的內容文字變成是粗體字的效果，但是僅止於樣式的用途，不像是 <strong> 是用來強調一段內容特別重要，如果要在網頁內文中標示重點關鍵字，不妨試著運用 <strong> 標籤告訴 Google 重點在哪裡。

3-3-3 圖片及超連結的 SEO 布局

圖片在網站中地位是非常重要，高品質的影片或圖片能更容易讓訪客了解商品內容，也是網站內容的一個重要附加價值，不但能吸引更多流量來源，也能提高使用者瀏覽體驗。在實際應用當中，網友對圖片的搜尋並不比網頁少，所以做好圖片優化是相當重要的工作。由於搜尋引擎非常重視關聯性，圖片檔案名稱建議使用具有相關意義的名稱，例如與關鍵字或是品牌相關的檔名，這也是圖片優化的技巧之一。

此外，越多人連結到你的網站，代表可信度越高，連結（Link）是整個網路架構的基礎，網站中加入「內部連結」（Inbound Links），讓訪客可以進一步連到相關網頁，達到延伸閱讀的效果，還能留住使用者繼續瀏覽網站，減少網站跳出率，超連結所指向的網頁必須同樣是搜尋引擎演算法則下的優質文章，當然也是 SEO 的加分題。

在網頁中插入圖片的標記為 <img>，而超連結的標記為 <a></a>，底下來看看這兩個標記的用法。

標記	說明
<img>	加入圖片

<img> 屬性如下：

- src 屬性

  圖檔來源，可以使用 gif、jpg 以及 png 格式。若圖片檔與 HTML 文件檔放在同一個目錄中則只需寫上圖檔名稱，否則必須加上正確的路徑，例如：

  ```
  <img src="pic01.jpg">
  <img src="images/pic01.jpg">
  ```

- width、height 屬性

  設定圖片大小，圖片寬度及高度一般是用 pixels 為單位，如果圖片大小為原圖大小則可省略此設定。

- hspace、vspace 屬性

  設定圖片邊緣空白的距離。hspace 是設定圖片左右的空白距離，vspace 則是設定圖片上下的空白距離，一般是用 pixels 為單位。

- border 屬性

  邊框大小。

- align 屬性

  設定圖片四周文字的位置。設定值有 top, middle, bottom, left, right。

- alt 屬性

  如果圖片壓縮後能顯示同樣效果，最好就要盡量用力壓縮圖片。Alt 標籤可以建立圖片的替代文字，對於圖片的優化也是非常重要，當滑鼠游標移到圖片上時顯示的文字。Google 爬蟲擅長讀取文字而不是圖片，因此會在爬取網站時利用圖片標籤來辨認圖片內容，它們會讀取圖片標籤中的敘述文字，讓圖片與關鍵字產生關連，對於無法看到圖片的使用者理解圖片也十分有幫助。因此，設定符合網站內容或關鍵字的檔名與圖片描述，可確保使用者體驗，當然最後在網頁文章當中，利用關鍵字連結到圖片，也是對 SEO 有加分的作用。

- lowsrc 屬性

  預先載入低解析度圖片（通常是灰階圖形）。使用在圖檔較大的情況，因大圖載入時間較久，預先載入低解析度圖片，可以讓瀏覽者先大略知道原始圖片的樣式。

秒殺拉客的網站 SEO 贏家祕笈

【範例】

```
<html>
<head>
<title>圖形標記</title>
</head>
<body>
<img src="images/1.jpg" width="100" height="100" border="0">
<img src="images/2.jpg" width="200" height="200" border="5">
<img src="images/3.jpg" width="300" height="300" border="3" hspace="50"
alt="這是加入alt屬性內的文字">
</body>
</html>
```

【範例結果】

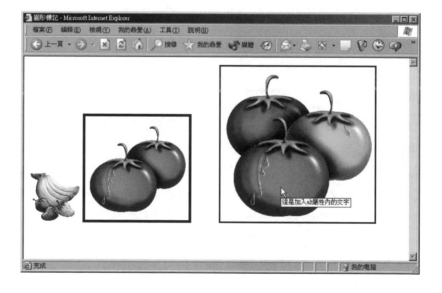

以上範例第一張圖形，border 屬性為 0，所以圖片沒有邊框，而第三張圖形 hspace 屬性為 50，圖形與圖形間距就變大。由於第三張圖形加入了 alt 屬性，當滑鼠游標移到圖片上時，滑鼠游標旁就會出現設定好的說明文字。

HTML 標籤裡，超連結是以 <A> 標記來表示，使用 "A" 標籤來定義文字的連結標記，告訴搜尋引擎後面的超連結與內容，而它還可再細分為「文字超連結」及「圖片超連結」兩種。當我們在網頁上按下超連結後，便會將瀏覽者帶到他所指

定的另一份網頁去。其屬性有 <HREF>、<NAME> 以及 <TARGET> 三種，現在説明如下：

屬性	說明
HREF 屬性	HREF 是設定所要連結的文件名稱，連結方式可分為「外部連結」以及「內部連結」兩種。 外部連結： <A HREF=" 檔名 #..."> 關鍵文字 </A> 內部連結： <A HREF=" #..."> 關鍵文字 </A> 在引號內的超連結表示我們將指向的網址 URL 或同一份文件內的連結點，該連結點還必須使用 NAME 屬性先在文件內先設定好。
NAME 屬性	用來設定文件內部被連結點，該連結點並不會顯示在螢幕上，使用時必須搭配 HREF 參數來連結。其標記方式為： <A NAME=".."> 關鍵文字 </A>
TARGET 屬性	按下連結之後指定顯示的視窗，可輸入的值有：框架名稱、_blank、_parent、_self 以及 _top。

説明如下：

- href 屬性

  href 是設定所要連結的文件名稱，連結方式可分為外部連結以及內部連結。外部連結是指連結到其他檔案，而內部連結指的是連結到同一份文件內的連結點，該連結點必須使用 name 屬性先在文件內設定好。

- name 屬性

  name 屬性用來設定文件內部被連結點，該連結點並不會顯示在螢幕上，使用時必須搭配 href 參數來連結，例如：

  ```
  <a name="公司簡介">…<a>
  <a href="#公司簡介">…</a>
  ```

  其中「公司簡介」就是自行設定的連結點，href 屬性必須以「#」號來識別。

- target 屬性

  按下連結之後指定顯示的視窗，可輸入的值有：框架名稱、_blank、_parent、_self 以及 _top：

秒殺拉客的網站 SEO 贏家祕笈

target=" 框架名稱 "	將連結結果顯示在某一個框架中，框架名稱是事先由框架標記所命名。
target="_blank"	將連結結果顯示在新的視窗，也可以寫成 target="new"。
target="_top"	通常是使用在有框架的網頁中，表示忽略框架而顯示在最上層。
target="_self"	將連結結果顯示在目前的視窗（框架）中，此為 target 屬性的預設值

【範例】

```
<html>
<head>
<title>連結標記</title>
</head>
<body>
<center>
<a href="ch01-09a.htm">這是文字超連結</a><p>   <!--文字超連結-->
<a href="ch01-09a.htm" target="_blank">
<img src="images/2.jpg" width="200" height="200" border="2">
<!--圖形超連結-->
</a>
</center>
</body>
</html>
```

【範例結果】

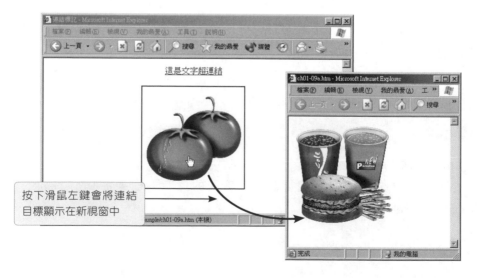

按下滑鼠左鍵會將連結目標顯示在新視窗中

範例中分別示範了文字及圖形超連結標示的用法,其中文字超連結沒有設定 target 屬性,當我們在文字連結按下滑鼠左鍵時,連結目標會開啟在目前的視窗,而圖片連結的 target 屬性設為 _blank,因此當您在圖片上按下滑鼠左鍵時,會將連結目標顯示在新的視窗中。

【範例】

```
<HTML>
<HEAD>
<TITLE>文件外部連結</TITLE>
</HEAD>
<BODY>
<CENTER>
<A HREF="ch2-6.html">可愛的BINBIN來囉!</A><!--文字超連結-->
<P>
<A HREF="ch2-6.html" TARGET="_blank">
<IMG SRC="images/bb1.jpg"></A><!--圖形超連結-->
</CENTER>
</BODY>
</HTML>
```

【執行結果】

秒殺拉客的網站 SEO 贏家祕笈

當搜尋引擎使用爬蟲分析網路上的頁面時，會抓取頁面上所有的連結（包括內部連結（Internal link）與外部連結（External link）），因為搜尋引擎會評估連結的品質和數量。對於建立網站架構和傳遞連結權重來說，內部連結（Internal link）也是大大加分題。

🛒 Tips

「反向連結」（Back link）或稱「外部連結」（External link），就是從其他外部網站連到你的網站的連結，如果你的網站擁有優質的反向連結（例如：新聞媒體、學校、大企業、政府網站），代表你的網站越多人推薦，當反向連結的網站越多、就越被搜尋引擎所重視。就像有篇文章常被其他文章引用，可以想見這篇文章本身就評價不凡，這也是網站排名因素的重要一環。

內部連結指的是在同一個網站上向另一個頁面的超連結對於在超連結前或後的文字或圖片，適當加入內部連結，可以將消費者引導到目標頁面，延長在店家網站停留時間。所謂最佳化佈署內部連結，實際上就是在優化構築整個網站的架構，將相關的內容歸類在一起，避免加入沒有相關的連結，可以幫助網站建立訊息與訪客瀏覽的層級，特別是應用「錨點文字」（Anchor text），能顯示可點擊的超連結文字或圖片，撰寫時要讓消費者一看就懂的語法，訪客只要點選超連結就可以跳到錨點所在位置，除了有助於內部的導覽，更強調了頁面的某個重點部份，在 SEO 排名上也有相當的助益，如果沒有另外撰寫錨點文字，網址就可能會作為該連結自己的錨點文字。

3-3-4 麵包屑導覽列

網站就如一棟四通八達的大賣場，裡面包羅萬象，網頁依照規模從數十頁到數千數萬頁都有可能，若沒有好好的規劃環境「導覽列指標」，絕對會影響到 SEO 的排名。麵包屑導覽列（Breadcrumb Trail），也稱為導覽路徑，是一種基本的橫向文字連結組合，透過層級連結來帶領訪客更進一步瀏覽網站的方式，讓用戶清楚知道自己在那裏，可以快速跳到想到的分類或頁面，大幅提高網路爬蟲的瀏覽速度，也能讓內部連結增加。

許多網站在搜尋結果中的網址以麵包屑形式顯示網址或網站的結構，可以幫助使用者與搜尋引擎理解目前位置，對於使用便利性與搜尋引擎在檢索、理解網站內容時卻是非常重要又有效的功能，特別是方便訪客瀏覽並改善用戶體驗來說，是相當有幫助。例如經常在網頁上方位置看到：

「首頁 > 商品資訊 > 流行女飾 > 小資女必備 > 洋裝」

訪客可以經由「麵包屑」快速地回到該篇文章的上一層分類或主分類頁，也能夠讓搜尋引擎更清楚頁面層級關係，提高網頁易用性，特別是每一階層的文字要簡潔簡短與連結都必須是有效連結，如果在其中多埋入目標關鍵字，SEO 的效果會更好。

秒殺拉客的網站 SEO 贏家祕笈

▨ 本章 Q&A 練習

1. 什麼是「反向連結」（Backlink）？

2. 請簡介麵包屑導覽列（Breadcrumb Trail）？

3. 請簡介網站製作流程。

4. 什麼是到達頁（Landing Page）？

5. 請問有哪些常見的架站方式？

6. 何謂「虛擬主機」（Virtual Hosting）？有哪些優缺點？請說明。

7. 試比較「font」及「h1」～「h6」兩者間的不同。

8. HTML 標記中有四個屬性可以讓您選定文字顏色、連結字顏色、甚至您按下連結文字後的顏色變化，請說明之。

屬性名稱	功能說明
text	
link	
alink	
vlink	

9. 在網頁中，常使用的圖片格式有那幾種？

10. 請簡介 HTML 標籤的超連結功能。

11. 請簡述 Title 標籤與 SEO 的關聯性。

12. 請簡介 Alt 標籤。

13. 請簡介 nofollow 標籤。

第**4**章

行動行銷與
Mobile SEO 淘金術

隨著 5G 行動寬頻和「雲端服務」（Cloud Service）產業的帶動下，全球行動裝置快速發展，結合了無線通訊無所不在的行動裝置充斥著我們的生活，這股「新眼球經濟」所締造的市場經濟效應，正快速連結身邊所有的人、事、物，改變著我們的生活習慣，讓現代人在生活模式、休閒習慣和人際關係上有了前所未有的全新體驗。時至今日，這股行動浪潮也帶動行動上網已逐漸成為網路服務之主流，「行動行銷」（Mobile Marketing）可以看成是網路行銷的延伸，連帶也使行動行銷成為兵家必爭之地，越來越多消費者使用行動裝置購物，藉由人們日益需求行動通訊，而讓行銷的活動延伸到人們線下（Off-Line）生活。

▲ PChome 24h 行動購物，讓你隨時隨地輕鬆購

> **🛒 Tips**
>
> 5G 是行動電話系統第五代，也是 4G 之後的延伸，5G 技術是整合多項無線網路技術而來，對一般用戶而言，最直接的感覺是 5G 比 4G 又更快、更不耗電，預計未來將可實現 10Gbps 以上的傳輸速率。
>
> 「雲端」其實就是泛指「網路」，「雲端服務」（Cloud Service），其實就是「網路運算服務」，如果將這種概念進而衍伸到利用網際網路的力量，透過雲端運算將各種服務無縫式的銜接，讓使用者可以連接與取得由網路上多台遠端主機所提供的不同服務。

全球行動裝置的數量將在短期內超過全球現有人口，在行動行銷越趨興盛的情況下，為您的網站建立行動裝置版本也愈來愈重要，Google 也特別在 2015 年 4 月 21 日宣布修改搜尋引擎演算法，針對網頁是否有針對行動裝置優化做為一項重要的指標，2016 年 11 月時宣布行動裝置優先索引（Mobile first indexing），明白表示未來搜尋結果在行動裝置與桌機會有不同的結果，讓用戶在行動端也盡

可能多地使用 Google 搜尋，以確保行動搜尋的用戶獲得精準的搜尋結果。

由於行動裝置的普及化正在改變用戶人的習慣，SERP 的顯示畫面在桌機上和手機上是有不同格式，隨著 Google 演算法的調整和更新，過去 Google 在建立索引時，主要是以電腦版的網頁內容來評估和查詢者的關聯性，未來則主要會以行動版內容來索引（Indexing）和排名（Ranking）網站，因此網站提高行動友善度（Mobile-Friendliness）更是我們必須持續網站 SEO 優化的最重要一環。

▲ 桌機與手機上的 SERP 顯示結果有很大不同

> 🛒 **Tips**
>
> 行動友善度（Mobile-Friendliness）就是讓行動裝置操作環境能夠盡可能簡單化與提供使用者最佳化行動瀏覽體驗，包括閱讀時的舒適程度，介面排版簡潔、流暢的行動體驗、點選處是否有足夠空間、字體大小、橫向滾動需求、外掛程式是否相容等等。

行動行銷與 Mobile SEO 淘金術

4-1 認識行動行銷

「行動商務」（Mobile Commerce，m-Commerce）是電商發展最新趨勢，不但促進了許多另類商機的興起，更有可能改變現有的產業結構。自從 2015 年開始，現代人人手一機，人們的視線已經逐漸從電視螢幕轉移到智慧型手機上，從網路優先（Web First）向行動優先（Mobile First）靠攏的數位浪潮上，而且這股行銷趨勢越來越明顯。隨著行動商務爆炸性的成長，成為全球品牌關注的下一個戰場，相較於傳統的電視、平面，甚至桌上型電腦，行動媒體除了讓消費者在使用時的心理狀態和過去大不相同，而且還能夠創造與其他傳統媒體相容互動的加值性行銷服務。

▲ 特易購的虛擬商店可以讓顧客一邊等車、一邊手機購物

事實上，跟所有其他行銷媒體相比，行動行銷的轉換率（Conversation Rate）最高。所謂「行動行銷」（Mobile Marketing），就是透過行動工具與無線通訊技術為基礎來進行行銷的一種方式，算是網路行銷的延伸，這同時也宣告真正無縫行動銷售服務及跨裝置體驗的時代來臨。

4-1-1 行動行銷的特性

行動行銷爆炸性的成長，成為全球品牌關注的下一個戰場，相較於傳統的電視、平面，甚至於網路媒體，行動媒體除了讓消費者在使用時的心理狀態和過

去大不相同，特別是行動消費者缺乏耐心、渴望和自己相關的訊息，如果訊息能引發消費者興趣，他們會立即行動，並且能同時創造與其他傳統媒體相容互動的加值性服務。因為行動行銷擁有如此廣大的商機，使得許多企業紛紛加速投入這塊市場，企業或品牌唯有掌握行動行銷的四種特性，才能發會行動行銷的最大效益。

▲ 行動行銷的四種特性

◎ 個人化

智慧型手機是一種比桌上型電腦更具「個人化」（Personalization）特色的裝置，就像鑰匙一樣，已成為現代大部份人出門必帶的物品，因為消費者使用行動裝置時，眼球能面向的螢幕只有一個，很有助於協助廣告主更精準鎖定目標顧客，將可以發揮有別於大量傳播訊息管道的傳播效果，因為越貼近消費者，發生實質轉換的機會越高，真正達到進行一對一的行銷，讓消費者感到賓至如歸以及獨特感，並依照個人經驗所打造的專屬行銷內容和服務，最普遍的是讓使用者在行動時能同步獲得資訊、服務、及滿足個人的需求，增加顧客的忠誠度。

▲ 獨具特色的個人化行銷在行動平台上大受歡迎

◎ 即時性

由於「碎片化時代」（Fragmentation Era）來臨，消費者參與意願提高，互動的速度更即時快速，如何抓緊消費者眼球是重要行銷關鍵，因為行動行銷相較於傳統行銷有更多的「即時性」（instantaneity），擺脫了以往必須在定點上網的限制，當消費者產生購買意願時，習慣透過行動裝置這類最貼身的工具達到目的，真正做到在最適當的時間、將最適當的訊息、傳給最適當的對象，以轉換成真正消費的動力，增加消費者購物的便利性。

▲ 行動行銷提供即時購物商品資訊

🛒 **Tips**

碎片化時代（Fragmentation Era）是代表現代人的生活被很多碎片化的內容所切割，因此想要抓住受眾的眼球越來越難，同樣的品牌接觸消費者的地點也越來越不固定，接觸消費者的時間越來越短暫，碎片時間搖身一變成為贏得消費者的黃金時間。

◎ 定位性

「定位性」（Localization）的行銷活動本來就長期以來一直是廣告主的夢想，它代表能夠透過行動裝置探知消費者目前所在的地理位置，並能即時將行銷資訊傳送到對的客戶手中，讓服務能清楚衡量效益，更能掌握精準目標族群，甚至還可以隨時追蹤並且定位，甚至搭配如 GPS 技術，讓使用者的購物行為可以根據地理位置的偵測，就可以名正言順的提供適地性行動行銷服務，使得消費者能夠立即得到想要的消費訊息與店家位置。例如手機的定位功能更像是消費者的導航系統，帶領消費者參觀整個體驗之旅。

Tips

「適地性服務」（Location Based Service，LBS）或稱為「定址服務」，就是行動領域相當成功的環境感知的種創新應用，指透過行動隨身設備的各式感知裝置，例如當消費者在到達某個商業區時，可以利用手機等無線上網終端設備，快速查詢所在位置周邊的商店、場所以及活動等即時資訊。

台灣奧迪汽車推出可免費下載的 Audi Service App，專業客服人員提供全年無休的即時服務，為提供車主快速且完整的行車資訊，並且採用最新行動定位技術，當路上有任何緊急或車禍狀況發生，只需按下聯絡按鈕，客服中心與道路救援團隊可立即定位取得車主位置。

▲ 奧迪汽車推出 Audi Service App，並採用行動定位技術

◎ 隨處性

「消費者在哪裡、品牌行銷訊息傳播就到哪裡！」，隨著無線網路越來越普及，行動生活儼然從消費者心中的選配，轉變為標準配備，在消費者方便的時間、地點，及其條件來溝通互動，消費者不論上山下海隨時都能帶著行動裝置到處

跑，因為隨處性（Ubiquity）能夠清楚連結任何地域位置，除了隨處可見的行銷訊息，還能協助客戶隨處了解商品及服務，滿足使用者對即時資訊與通訊的需求。

▲ ELLE 時尚網站透過行動行銷快速在全球發行新品

4-1-2 SOMOLO 模式

近年來公車上、人行道、辦公室，處處可見埋頭滑手機的低頭族，隨著愈來愈多網路社群提供了行動版的「行動社群網路」（Mobile Social Network），行動社群網路逐漸在社群行銷服務的案例中受到矚目，隨著人們停留在行動社群平台的時間越來越多，正因為「行動」這個特性，其中社群行為中最受到歡迎的許多功能，包括照片分享、旅遊資訊（含適地性服務）、線上通話聊天、影片上傳下載等功能變得更能隨處使用，透過朋友間的串連、分享、社團、粉絲頁的高速傳遞，使品牌與行銷資訊有機會觸及更多的顧客。這是一個消費者習慣改變的必結果，當然有許多店家與品牌在 SoLoMo（Social、Location、Mobile）模式中趁勢而起。例如各位想找一家性價比高的餐廳用餐，透過行動裝置上網與社

群分享的連結，然而藉由適地性服務（LBS）找到附近的口碑不錯的用餐地點，都是 SoLoMo 最常見的生活應用。

▲ 臉書行動行銷活動已經和日常生活形影不離

所謂 SoLoMo 模式是由 KPCB 合夥人約翰、杜爾（John Doerr）在 2011 年提出的一個趨勢概念，強調「在地化的行動社群活動」，主要是因為行動裝置的普及和無線技術的發展，讓 Social（社交）、Local（在地）、Mobile（行動）三者合一能更為緊密結合，顧客會同時受到社群（Social）、行動裝置（Mobile）、以及本地商店資訊（Local）的影響，代表行動時代消費者會有以下三種現象：

- **社群化（Social）**：在行動社群網站上互相分享內容已經是家常便飯，很容易可以仰賴社群中其他人對於產品的分享、討論與推薦。
- **行動化（Mobile）**：民眾透過手機、平板電腦等裝置隨時隨地查詢產品或直接下單購買。
- **本地化（Local）**：透過即時定位找到最新最熱門的消費場所與店家的訊息，並向本地店家購買服務或產品。

行動行銷與 Mobile SEO 淘金術

4-2 Mobile SEO 的五大加強功能

行動時代的蒞臨,更促使人們能在任何時刻:例如等公車,上下班空擋時間,都能利用手機或平板隨時更新資訊。如果店家貨品牌的網站沒有做行動版內容只單做電腦版內容的話,SEO 的能見度肯定會大幅下降,將有可能損失大量的流量,並且流失很多潛在受眾與商機。Mobile SEO 就是行動版網站搜尋引擎最佳化,是指針對智慧型手機以及平板電腦上的用戶,加以優化自身網站的做法,不僅需要提供不同裝置的內容,還要考慮不同的使用者的需求,以下我們將建議 Mobile SEO 的五大加強功能。

4-2-1 加入「Google 我的商家」

之前我們提過搜尋引擎還有所謂的「當地網站搜尋優先」(Local Search)的概念,搜尋引擎會以搜尋者所在的位置列入優先考量,絕大部分到店來訪者或來電詢問者都是透過手機進行搜尋,例如:"我附近的咖啡店"、"我所在地區的水電工"或"這一區最受歡迎的餐廳"等。如果您的企業沒有針對在地化搜尋進行優化,那麼您將會失去很大部分的顧客。其中最簡單的方式就是開始建立一個「Google 我的商家」(Google My Business)頁面。

▲ 行動裝置配備 GPS,可以精準掌握用戶位置

「Google 我的商家」是一種在地化的服務,如果各位經營了一間小吃店,想要讓消費者或顧客在 Google 地圖找到自己經營的小吃店,就可以申請「我的商家」服務,當驗證通過後,您就可以在 Google 地圖上編輯您的店家的完整資訊,也可以上傳商家照片來使您的商家地標看起來更具吸引力,有助於搜尋引擎上找到您的商家。底下示範如何申請「我的商家」服務:

步驟 1：首先連上「Google 我的商家」網站：https://www.google.com/intl/zh-TW/ business/，點選「馬上試試」。

步驟 2：接著輸入您店家的「商家名稱」，接著按「下一步」鈕。

步驟 3：接著輸入您商家的住址資訊，接著按「下一步」鈕。

步驟 4：點選「這些都不是我的商家」，接著按「下一步」鈕。

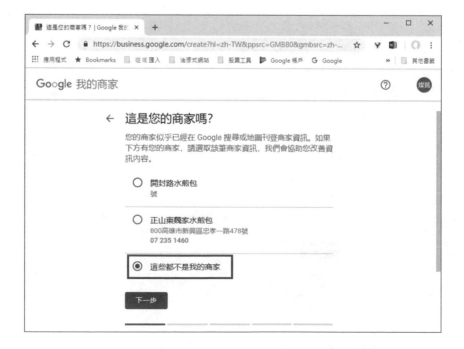

步驟 5：選擇最符合您商家的類別，例如：「小吃店」，接著按「下一步」鈕。

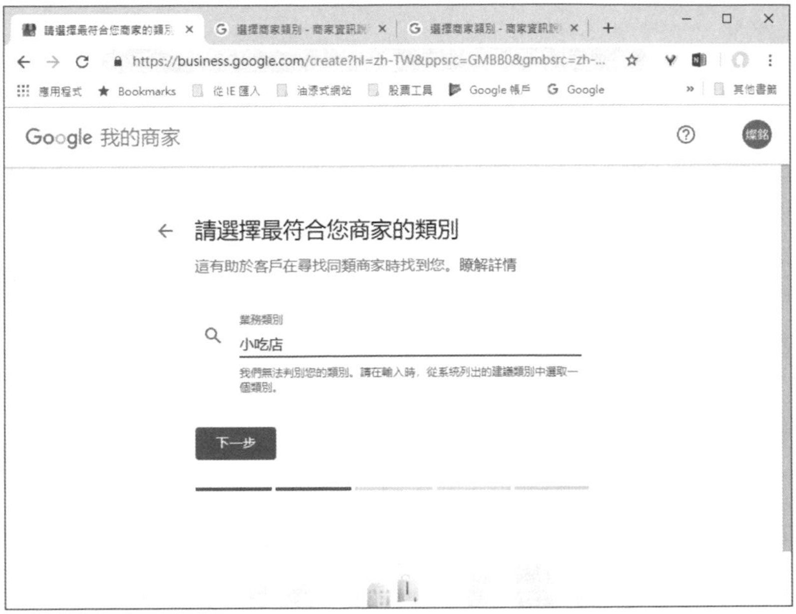

步驟 6：選擇您想要向客戶顯示的聯絡方式，接著按「下一步」鈕。

步驟 7：最後進入驗證商家，接著按「完成」鈕。

步驟 8：接著請選擇驗證的方式，請確認您的地址是否輸入正確，如果沒問題請點選「郵寄驗證」。

步驟 9 ：接著按「繼續」鈕。

步驟 10 ：會開啟如下圖的尚待驗證的畫面，多數明信片會在 16 日內寄達。

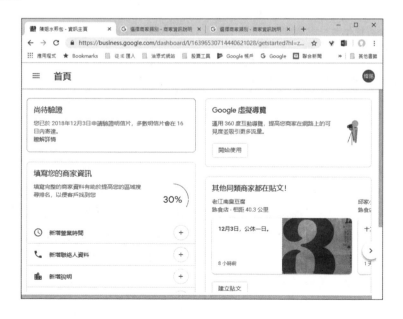

當您如果收到驗證郵件，再請登入 Google 我的商家進行驗證碼的驗證即可，當
服務開通後，用戶隨時在 Google 地圖中就可以搜尋到您的店家。

行動行銷與 Mobile SEO 淘金術

4-2-2 加快網站載入速度

▲ SEO 最基本的速度檢測工具

 Tips

Google PageSpeed Insights 是 Google 所提供的網站 SEO 測試與衡量網頁載入之執行效能與速度檢測工具,只需要輸入網址,Google 將會提供給您優化網站速度的各種改善建議。

行動行銷時代,各位一定要先了解行動消費者的特性,那就是「四怕一沒有」:怕被騙、怕等待、怕麻煩、怕買貴以及沒時間這五大特點,由於手機的運算功能平均比桌機差,所以網站載入平均比桌機慢上許多,想要在行動裝置中展現完善的使用者經驗的話,對於網頁設計上存取的資源也比需相對的管控,特別是當用戶使用「語音搜尋」,甚至趕時間希望快速得到解答,除了符合手機瀏覽的流暢感,速度更是留住客戶的關鍵!

時間就是最寶貴的金錢,網站載入速度是 SEO 搜尋排名的一個重要考量因數,Google 也一直在搜尋排名上,給予能夠快速載入的網頁更好的權重分數,目的就是提供搜尋者好的用戶體驗,因為如果網頁開啟的速度非常慢,很可能點擊

率變成了跳出率，Google 官方甚至建議您的網站中行動用戶的加載速度最好要低於一秒鐘。Mobile SEO 其中一項重點就是要令載入網頁速度夠快，因為速度絕對是留住客戶的關鍵，通常圖片太大往往是影響網站速度最大的原因，建議使用圖片壓縮工具來壓縮圖片，或者您還可以創建 Google AMP，以縮短您的網站在行動設備上的加載時間。

 Tips

「加速行動網頁」（Accelerated Mobile Pages，AMP）是 Google 的一種新項目，網址前面顯示一個小閃電型符號，設計的主要目的是在追求效率，就是簡化版 HTML，透過刪掉不必要的 CSS 以及 JavaScript 功能與來達到速度快的效果，對於圖檔、文字字體、特定格式等限定。在行動裝置上 AMP 網頁的載入速度和顯示外觀均優於標準 HTML 網頁，可為使用者帶來更出色的體驗，幾乎不需要等待就能完整瀏覽頁面與下載完成，因此 AMP 也有加強 SEO 優化的作用。

4-2-3　響應式網頁設計的應用

隨著行動交易方式機制的進步，全球行動裝置的數量將在短期內超過全球現有人口，如何讓網站可以跨不同裝置與螢幕尺寸順利完美的呈現，就成了網頁設計師面對的一個大難題。因為當行動用戶進入你的網站時，必須能讓用戶順利瀏覽、增加停留時間，也方便的使用任何跨平台裝置瀏覽網頁，簡單來說，有了響應式網站就是增加行動用戶訂單的機會。

▲ 相同網站資訊在不同裝置必需顯示不同介面，以符合使用者需求

響應式網頁設計（RWD）被公認為是能夠對行動裝置用戶提供最佳的視覺體驗，特點是不論在手機、平板電腦、桌上電腦上網址 URL 都是不變，還可以讓網頁中的文字以及圖片甚至是網站的特殊效果，自動適應使用者正在瀏覽的螢幕大小。由於傳統的網頁設計無法滿足所有的網頁瀏覽裝置，因為每種裝置的限制或系統規範都不相同，當裝置越小時網頁就顯示的越小，此時容易發生難以閱讀的問題。所以在桌上型電腦或平板電腦上所瀏覽的版面，若以智慧型手機瀏覽時，就必須要隨裝置畫面的寬度進行調整。如下圖所示：

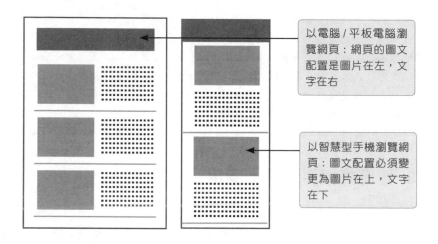

以電腦／平板電腦瀏覽網頁：網頁的圖文配置是圖片在左，文字在右

以智慧型手機瀏覽網頁：圖文配置必須變更為圖片在上，文字在下

響應式網站設計最早是由 A List Apart 的 Ethan Marcotte 所定義，因為 RWD 被公認為是能夠對行動裝置用戶提供最佳的視覺體驗，原理是使用 CSS 以百分比的方式來進行網頁畫面的設計，在不同解析度下能自動去套用不同的 CSS 設定。簡單來說，就是透過 CSS，可以使得網站透過不同大小的螢幕視窗來改變排版的方式，讓不同裝置（桌機、筆電、平版、手機）等不同尺寸螢幕瀏覽網頁時，整個網頁頁面會對應不同的解析度，不僅手機版本，就連平板電腦如 iPad 等的平台也都能以最適合閱讀的網頁格式瀏覽同一網站。

Tips

CSS 的全名是 Cascading Style Sheets，一般稱之為串聯式樣式表，其作用主要是為了加強網頁上的排版效果（圖層也是 CSS 的應用之一），可以用來定義 HTML 網頁上物件的大小、顏色、位置與間距，甚至是為文字、圖片加上陰影等等功能。具體來說，CSS 不但可以大幅簡化在網頁設計時對於頁面格式的語法文字，更提供了比 HTML 更為多樣化的語法效果。

過去當我們使用手機瀏覽固定寬度（例如：960px）的網頁時，會看到整個網頁顯示在小小的螢幕上，想看清楚網頁上的文字必須不斷地用手指在頁面滑動才能拉近（Zoom in）順利閱讀，相當不方便。由於響應式設計的網頁能順應不同的螢幕尺寸重新安排網頁內容，完美的符合任何尺寸的螢幕，並且能看到適合該尺寸的文字，不用一直忙著縮小放大拖曳，不但給使用者最佳瀏覽畫面，還能增加訪客停留時間，當然也增加下單機率。

▲ RWD 設計的電腦版與手機板都是使用同一個網頁

我們知道更好的搜尋排名，也代表著會為你的網路商店帶進更多的瀏覽量，而更多的瀏覽量就能為你帶來更多的銷售機會。Google 就明白表示未來搜尋結果在行動裝置與桌機會有不同的結果，搜尋結果將依照網站對行動裝置的「友善度」排序，對於未提供行動版的網站，排名將逐漸下滑，以確保行動搜尋的用戶獲得精準的搜尋結果。

4-2-4 加入 UI/UX 設計

由於行動裝置的畫面大多有限，如果店家的頁面不能一目瞭然，可能根本無法發揮集客的效應。因為用戶體驗明顯是 Google 越來越看重的因素，畢竟體驗就是 Google 心中最權威的原創內容，並作為 SEO 的評分標準，因此能夠真正提升品牌黏著度的 UI/UX 設計概念當然必須考慮進來。所謂 UI（User Interface，使用者介面）是屬於一種虛擬與現實互換資訊的橋樑，也就是使用者和電腦之間輸入和輸出的規劃安排，就是根據使用者的使用習慣去設計整個網站架構、細節與內容，網站設計應該由 UI 驅動，因為 UI 才是人們真正會使用的部份，我們可以運用視覺風格讓介面看起來更加清爽美觀，因為流暢的動效設計可以提升行動裝置操作過程中的舒適體驗，減少因為等待造成的煩躁感。

▲ UI Movement 專門收錄不同風格的頁面設計

例如確保手機的介面上沒有任何物件會超出手機的瀏覽範圍，除了維持網站上視覺元素的一致外，盡可能著重在具體的功能和頁面的設計。同時在網站設計流程中，UX（User Experience，使用者體驗）研究所佔的角色也越來越重要，UX 的範圍則不僅關注介面設計，主要考慮的是「產品用起來的感覺」，更包括

所有會影響使用體驗的所有細節，通過網站設計、內容規劃、CTA 選項、按鈕設計、排版佈局、點擊商品頁面、瀏覽視覺風格、動線操作等，都可以有效幫助 Mobile SEO。真正的 UX 是建構在使用者的需求之上，是使用者操作過程當中的感覺，主要考量點是「產品用起來的感覺」，目標是要定義出互動模型、操作流程和詳細 UI 規格。

全世界公認是 UX 設計大師的蘋果賈伯斯有一句名言：「我討厭笨蛋，但我做的產品連笨蛋都會用。」一語道出了 UX 設計的精隨。通常不同產業、不同商品用戶的需求可能全然不同，就算商品本身再好，如果戶在與店家互動的過程中，有些環節造成用戶不好的體驗，例如網頁頁面內容的載入，一直都是令開發者頭痛的議題，如何讓載入過程更加愉悅，絕對是努力的方向，因為也會影響到用戶對店家的觀感或購買動機。

無論是從哪一個方向著手規劃 SEO 策略，都脫離不了以使用者為中心的思考邏輯，談到 UI/UX 設計規範的考量，也一定要以使用者為中心，例如視覺風格的時尚感更能增加使用者的黏著度，近年來特別受到扁平化設計風格的影響，極簡的設計本身並不是設計的真正目的，因為乾淨明亮的介面往往更吸引用戶，讓使用者的注意力可以集中在介面的核心訊息上，在主題中使用更少的顏色變成了一個流行趨勢，而且講究儘量不打擾使用者，這樣可以使設計變得清晰和簡潔，請注意！千萬不要過度設計，打造簡單而更加富於功能性的 UI 才是終極的目標。

由於網站體驗會直接影響使用者的停留時間、瀏覽頁數、轉換率（Conversion Rate，CR）、跳出率、「轉換率優化」（Conversion Rate Optimization，CRO）、投資報酬率（Return of Investment）等網站分數，進而提升 SEO 成效，設計師在設計網站的 UI 時，必須以「人」作為設計中心，傳遞任何行銷訊息最重要的就是讓人「一看就懂」，所以儘可能將資訊整理得簡潔易懂，不用讀文字也能看圖操作，同時能夠掌握網站服務的全貌。尤其是智慧型手機，在狹小的範圍裡要使用多種功能，設計時就得更加小心，例如放棄使用分界線就是為了帶來一個具有現代感的外觀，讓視覺體驗更加清晰，或者當文字的超連結設定過密時，常常讓使用者有「很難點選」的感覺，適時的加大文字連結的間距就可以較易點選到文字。

行動行銷與 Mobile SEO 淘金術

Tips

跳出率是指單頁造訪率，也就是訪客進入網站後在特定時間內，只瀏覽了一個網頁就離開網站的次數百分比，這個比例數字越低越好，愈低表示你的內容抓住網友的興趣，跳出率太高多半是網頁設計不良所造成。

文字連結過於密集，很難點選

加大的間距很容易點選到目標物

特別是手機所能呈現的內容有限，想要將資訊較完整的呈現，要在不需要放大的情況下，讓大多人可以直接閱讀。尤其對於中文來說，如果畫面中一堆文字，很可能根本沒有興趣閱讀，那麼折疊式的選單就是不錯的選擇。如下所示，在圖片上加工文字，可以讓瀏覽者知道圖片裡還有更多資訊，可以一層層的進入到裡面的內容，而非只是裝飾的圖片而已。（如左下圖所示）而主選單文字旁有三角形的按鈕，也可以讓瀏覽者一一點選按鈕進入到下層。（如右下圖所示）：

由此路徑可知道目前所在的階層，也方便
回到最上層做其他選擇

折疊式選單，透過三角形的方向，讓使
用者知道還有隱藏的內容

圖片上加入文字標題和符號，讓使用者知
道裡面還有隱藏的內容

4-2-5　社群網站的分享

隨著社群網路的快速普及，相信許多人都有使用社群的習慣，店家官網和社
群行銷，兩者對於帶來流量的貢獻都很重要，兩者之間如同魚幫水、水幫魚
的關係，少了誰都無法達到最佳的行銷模式。目前透過行動裝置使用社群
（Facebook、Twitter、Instagram 等）的使用者比一般用桌機多上許多，有接近
80% 的用戶會透過手機把喜歡的網站分享到社群，社群媒體本身看似跟搜尋引
擎無關，但其實 Mobile SEO 背後相當大的推手。

雖然説品牌核心內容應該鎖定店家的官網，社群平台只是分發管道之一，
Google 當然也會看重來自於行動社群網站上的分享內容，認為網站會被越多社
群分享，也意味著這網站是優質的網站，演算法也會拉高社群謀體分享權重。

店家或品牌該多利用社群分享鈕來與社群媒體做連結，例如增加在 Facebook 上的分享、按讚、留言等，經營社群媒體有助於提高網站的可見度，當然也間接影響搜尋結果排名，不過 SEO 優化最重要的還是持續的經營品牌形象，重點還是在提高品牌價值為核心與讓用戶盡可能有一個完美的體驗。

▲ 店家網站上盡可能設定社群分享按鈕

4-3 認識行動裝置相容性測試工具

如果你要檢測「網站是否符合行動裝置友善（Mobile Friendly）」最簡單的方法便是透過 Google 的行動裝置相容性測試工具來檢測自己的網站，網站只要有不符合行動裝置友善（Mobile Friendly）的話，工具上會直接顯示出錯誤並要求網站主進行改善，這個應該是最簡單的檢測問題的方式。簡單來說，Google 搜尋服務的運作機制，其中一項就是「讓網站適合透過行動裝置瀏覽」，各位網站建立好之後，可以透過 Google 的「行動裝置相容性測試」，檢測看看網站是否符合 Google SEO 標準，此一項目是用來測試行動裝置瀏覽網頁的方便程度，訪客只需輸入網址便可得知網頁得分，了解自己的網頁適不適合透過行動裝置瀏覽。列出 Google 的「行動裝置相容性測試」網址供您參考：

https://search.google.com/test/mobile-friendly

請輸入要測試的網址，按下「執行測試」鈕，就會開始檢測。

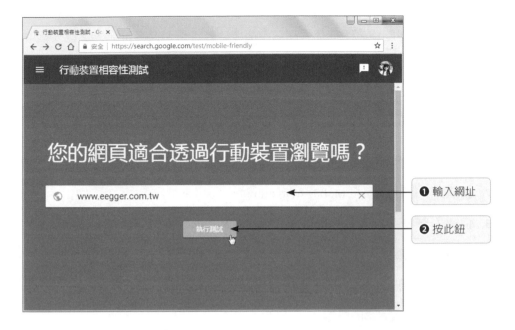

❶ 輸入網址

❷ 按此鈕

檢測完成之後就會顯示測試結果。

行動行銷與 Mobile SEO 淘金術

如何讓品牌出現在搜尋結果的第一位，是每個電商品牌必須努力的首要目標，網站的 SEO 做得越好，越能讓你的商店排名出現在更前面，有了響應式網站不論使用者是從電腦還是手機連入網站，都能計算流量、提高排名，更能大幅增加行動用戶訂單的機會。

📋 本章 Q&A 練習

1. 請簡介行動行銷的四種特性。

2. 請簡介「行動行銷」（Mobile Marketing）。

3. 何謂「全球定位系統」（Global Positioning System，GPS）？

4. 請簡介「響應式網頁設計」（Responsive Web Design）。

5. 響應式網頁設計的目地為何？

6. 請簡介「Google 我的商家」。

7. 請介紹 UI（使用者介面）/UX（使用者體驗）。

8. 請簡述 SoLoMo 模式。

第 **5** 章

打造超人氣的
語音搜尋 **SEO** 私房攻略

由於行動裝置與智慧語音助理的大量普及，同時也快速地在改變消費者搜尋產與服務的習慣，「語音搜尋」（Voice Search）幾乎成了現代人的標準行為。根據國外研究機構估計，預估到 2022 年，50％以上的搜尋方式將是以語音搜尋為主。在這個新興次世代語音購物的世界中，語音搜尋對於網路行銷布局有著很深的影響，也開創了一塊創新的行銷領域，用戶透過語音搜尋的便利性，更輕鬆地接觸到自己想要購買的商品與資訊，正快速顛覆目前以視覺為主、仰賴螢幕呈現的消費慣性，對行銷人而言，將會是一個全新的商務戰場，行銷人員應該為語音搜尋可能產生的影響做好準備，這樣的改變肯定會帶起一場創新的搜尋趨勢。

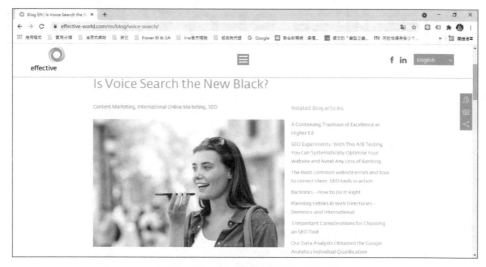

▲ 語音搜尋將會是網路行銷新戰場

圖片來源：https://www.effective-world.com/en/blog/voice-search/

5-1 語音辨識與自然語言

自從 Iphone 的 Siri（Speech Interpretation and Recognition Interface，語音解析及辨識介面）與 Google 的 Voice Search 和亞馬遜的 Alexa 問世與流行後，語音助理（Voice Assistant）幾乎變成了智慧手機的標配，各種流行智慧音箱也走進用戶的家庭，甚至是未來重要的廣告通路網之一，甚至於店家或品牌也可將行銷訊息透過智慧語音助理（Voice Assistant）廣告推播給潛在消費者。

▲ Iphone 12 pro 提供了更人性化的 Siri 語言功能

Tips

語音助理（Voice Assistant）就是依據使用者輸入的語音內容、位置感測而完成相對應的任務或提供相關服務，讓你完全不用動手，輕鬆透過說話來命令機器打電話、聽音樂、傳簡訊、開啟 App、設定鬧鐘等功能。

Alexa 更是結合「語音辨識技術」（Automatic Speech Recognition，ASR）成功的經典案例，2014 年 Amazon 率先推出智慧音箱 Echo。Amazon Echo 能夠真正大受歡迎的原因，主要是 Alexa 連結的服務越來越多元；藉由聲控可以完成許多意想不到的事，包括控制家電、叫車、朗誦新聞、上網買東西、閱讀有聲書等，並大量累積服務經驗與應用場景，讓使用者與智慧裝置間的溝通越來越順暢。

▲ Amazon Echo 使用聲控作為主要人機互動方式

打造超人氣的語音搜尋 SEO 私房攻略

5-1-1 語音辨識技術簡介

說話是人類最自然的交流方式，從各位早上起床開始，一天的生活中就充滿了各式各樣的聲音，如鳥叫聲、收音機音樂聲、吵人的鬧鐘聲等，而人與人之間主要也是透過聲音來進行言語間的溝通。簡單來說，聲音是由物體振動造成，並透過如空氣般的介質而產生的類比訊號，也是一種具有波長及頻率的波形資料，以物理學的角度而言，可分為音量、音調、音色三種組成要素。過去以來，

▲ 生活中充滿了各式各樣的聲音

如何讓電腦也能夠辨識聲音一直是專家學者們關心的問題，語音辨識技術自從在 1980 年代時，美國麻省理工學院的實驗室開始進行研究，就在當時受到相當重視，不過當時辨識率不高，一直沒辦法廣泛應用在商業用途。

「語音辨識技術」（Speech Recognition）也稱為「自動語音辨識」（Automatic Speech Recognition，ASR），目的就是希望電腦聽懂人類說話的聲音，進而命令電腦執行相對應的工作。在這個過程中就跟我們人類平常辨識語音的過程十分類似，主要區分為三個簡單步驟：聽到、嘗試理解、然後給出回應，例如我們對著手機講話，機器也能夠辨認人類的說話內容和文法結構，同時螢幕也會顯示對應的文字。

▲ 圖片來源：https://blog.kensho.com/speech-recognition-for-finance-86983b2b97bd
語音辨識技術主要區分為三個步驟：聽到、嘗試理解、給出回應

5-1-2 自然語言處理（NLP）

科學家通常將人類説話的語言稱為「自然語言」（Natural Language，NL），比如説中文、英文、日文、韓文、泰文等。自然語言最初都只有口傳形式，要等到文字的發明之後，才開始出現手寫形式。這也使得「自然語言處理」（Natural Language Processing，NLP）範圍非常廣泛，所謂 NLP 就是讓電腦擁有理解人類語言的能力，也就是一種藉由大量的文本資料搭配音訊數據，並透過複雜的數學聲學模型（Acoustic Model）及演算法來讓機器去認知、理解、分類並運用人類日常語言的技術。

▲ AI 電話客服也是自然語言的應用之一
圖片來源：https://www.digiwin.com/tw/blog/5/index/2578.html

本質上，語音辨識與自然語言處理（NLP）的關係是密不可分，不過機器要理解 NLP，是比語音辨識要困難許多，時至今日，NLP 技術的應用領域已更為廣泛，機器能夠 24 小時不間斷工作且錯誤率極低的特性，企業對 NLP 的採用率更有顯著增長，包括電商、行銷、網路購物、訂閱經濟、電話客服、金融、智慧家電、醫療、旅遊、網路廣告、客服等不同行業。

在自然語言處理（NLP）的技術領域中，首先要經過「斷詞」和「理解詞」的處理，辨識出來的結果還是要依據語意、文字聚類、文本摘要、關鍵詞分析、敏

打造超人氣的語音搜尋 SEO 私房攻略

感用語、文法及大量標註的語料庫，透過「深度學習」（Deep Learning，DL）技術解析單詞或短句在與透過大量文本（語料庫）的分析進行語言學習，才能正確的辨識與解碼（Decode），探索出詞彙之間的語意距離，進而了解其意與建立語言處理模型，這樣的運作機制也讓 NLP 更貼近人類的學習模式。隨著深度學習的進步，NLP 技術的應用領域已更為廣泛，機器能夠 24 小時不間斷工作且錯誤率極低的特性，企業對 NLP 的採用率更有著顯著增長，包括電商、行銷、網路購物、訂閱經濟、電話客服、金融、智慧家電、醫療、旅遊、網路廣告、客服等不同行業。

▲ 疾管家語音機器人利用 NLP 協助民眾掌握疫情最新資訊

5-1-3 深度學習與語音辨識

隨著越來越強大的電腦運算功能，近年來更帶動炙手可熱的「深度學習」（Deep Learning）技術的研究，深度學習最大的進展成果就是能讓電腦讓電腦學習判讀「圖像」以及「聲音」，這樣的做法和人類大腦十分相似。直到 2012 年，科學家開始用「深度學習網路」（Deep Learning，DL），帶來的是比以往更有感的語音辨識率提升，才逐漸受到國際間大型企業與學術機構的關注與重視。

目前深度學習技術在語音辨識（Speech Recognition）領域的運用已經取得了顯著的進步，特別是智慧語音助理無疑是近年來很熱門話題，語音辨識技術已成為與智慧終端互動不可或缺的方式，所涉及的應用也逐漸從智慧型手機跨越到智慧音箱、自駕車、穿戴式裝置、零售和娛樂、智慧喇叭、商業和醫療應用等，甚至是未來重要的廣告通路網之一，店家貨品牌將行銷訊息透過語音助理廣告推播給潛在消費者。

▲ 自駕車也是語音辨識技術的應用之一

「深度學習」（Deep Learning，DL）算是人工智慧（AI）的一個分支，源自於類神經網路（Artificial Neural Network）模型，並且結合了神經網路架構與大量的運算資源，目的在於讓機器建立與模擬人腦進行學習的神經網路，深度學習完全不需要特別經過特徵提取的步驟，反而會「自動化」辨別與萃取各項特徵，正因為深度學習適合用來分析複雜與高維度的影像、音訊、影片和文字檔等數據，便能執行過去機器難以達成的任務，協助人類日常中的工作。最為人津津樂道的深度學習應用，當屬 Google Deepmind 開發的 AI 圍棋程式 AlphaGo 接連大敗歐洲和南韓圍棋棋王。我們知道圍棋是中國抽象的對戰遊戲，其複雜度即使連西洋棋、象棋都遠遠不及，大部分人士都認為電腦至少還需要十年以上的時間才有可能精通圍棋。

▲ AlphaGo 讓電腦自己學習下棋

圖片來源：https://case.ntu.edu.tw/blog/?p=26522

 Tips

類神經網路（Artificial Neural Network）就是一種模仿生物神經網路的數學模式，這也是目前最夯的深度學習演算法的架構，類神經網路演算法的運算元組成是仿效人類神經元的結構，將神經元彼此連結，就構成了類神經網路架構。

▲ 深度學習可以說是模仿大腦，具有多層次的機器學習法（Machine Learning）

圖片來源：https://research.sinica.edu.tw/deep-learning-2017-ai-month/

5-1-4 BERT 演算法

自從 2014 年 Google 導入「大腦演算法」(RankBrain)成為搜尋引擎演算法的主要邏輯後,在 2019 年 10 月 25 日推出的最新搜尋引擎演算法更新,Google 正式引進更加先進的技術,讓搜尋引擎不僅能夠更加理解搜索者的意圖,同時也能更加理解搜尋關鍵字的語意,稱之為 BERT 演算法。Google 一直以來都希望可以提供有價值的資訊給消費者,來解決消費者的搜尋意圖,強項在於語意分析精準度的提升。BERT 是 Google 基於 Transformer 架構上所開源的一套演算法模型,基於「自然語言處理」(NLP)的新技術,2020 年以前 Google 演算法是透過單一關鍵字比對來判斷搜尋者的意圖。

▲ Google 開放 BERT 模型原始碼

自從 Google 推出 BERT(Bidirectional Encoder Representations from Transformers)之後,能幫助 Google 更精確從網路上理解自然語言的內容,以往只能從前後文判斷會出現的字句(單向)。我們不難發現,Google BERT 可以有效地分析出口語化的語句,Google 的 SERP 是一種 Google 基於「自然語言處理(NLP)」的演算法技術,會更貼近關鍵字句上搜尋者的意圖。也就是說,就是更貼近一般人的說話方式,同時更理解使用者背後想說的話。

打造超人氣的語音搜尋 SEO 私房攻略

現在透過 BERT 能夠預先訓練演算法，雙向地去查看前後字詞，能更深入地分析句子中單詞間的關係，不但會考慮關鍵字的上、下文以理解意義，還有句子的結構及整體內容、前後關鍵字、長尾關鍵字等，進而推斷出完整的上下文，能讓 Google 搜尋更貼近一般人使用語言的方式理解搜尋者背後的搜尋意圖，甚至幫助「網路爬蟲」（Web Crawler）更容易地理解搜尋過程中單詞和上下文之間的細微差別，大幅提升用戶在 Google 搜尋欄提出的問題的意圖和真正想找資訊的精確度，讓機器學習越來越聰明，促使搜尋結果貼近自然語言，提供正確答案給搜尋者，透過 Google 自然語言分析後提供精準的答案，以自然語言發展的 SEO 內容操作，將有效提升搜尋 SEO 排名。

▲ Bert 能夠辨識查詢關鍵字的上下文，提供更適切的 SERP 結果

5-2 不用花大錢，語音搜尋也能痛快 SEO 行銷

「語音搜尋」（Voice Search），就是用語音執行搜尋的動作，過去你在搜尋欄輸入關鍵字文字時，結果頁面可能會呈現數千個相關內容，但是進入語音優先的時代，用戶輸入語音後，內容將會轉為更口語化，語音搜尋其實就像與某人進行對話，只會得到一個語音助理認為的最佳答案，能夠提供給消費者更精準的資訊。

▲ 語音搜尋能夠提供給消費者最精準的資訊

各位可能會好奇那麼該如何優化 Google「語音搜尋」SEO 排名？在手機上消費者要的是快速精準的答案，因為語音搜尋輸入速度會變得越來越快，越來越分散與難以預測，最重要的是要能真正掌握搜尋用戶的意圖。那麼應該如何優化語音搜尋的效果，除了內容仍然是不可或缺的基本功，我們也提供以下六點語音搜尋 SEO 的關鍵技巧。

5-2-1　長尾關鍵字的布置

過去傳統文字搜尋時，關鍵字的考量主要集中在如何優化這些單詞的目標關鍵字，不過在語音搜尋的時代，已經不像以往可以靠堆積關鍵字方式爭取 SEO 排名，由於講話的速度遠快於鍵盤打字的速度，語音輸入會更傾向直接口語對話方式互動，不會再只局限於單純關鍵字詞的輸入。例如當消費者要以文字搜尋餐廳時，最有可能輸入的關鍵字為「台北 餐廳」；可是如果以語音搜尋的話，大多數人們會以提問的方式，使用完整的疑問句子搜尋答案，「台北最好吃的餐廳在哪裡？」

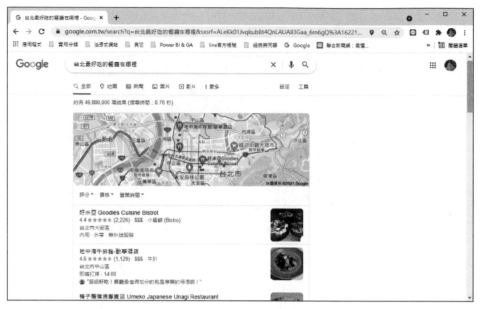

▲ 語音輸入會更傾直接口語對話方式互動

因此在於關鍵字的選擇上，店家或品牌必須從消費者的角度思考，讓原本單一產品或服務的多種組合，整理後進入網站內的可能關鍵詞組或句子，反而口語化表達的結論是應該改為接近完整句子的「長尾關鍵字」（Long Tail keywords），使潛在消費者搜尋的句子與網站內容更有關聯性。簡單來說，優化語音搜尋的關鍵字技巧在於「語意表達方式」的關鍵字。

從搜尋意圖來看，大多數所提出問題的意圖是偏向尋找資訊或答案，例如「為什麼」、「怎麼做」；但另一方面，「什麼時候」和「在哪裡」，建議一般人在日常對話中使用的「5W1H」的方式來進行發想，也就是以問句型關鍵字來佈局，如「誰」（Who）、「什麼」（What）、「如何」（How）、「哪裏」（Where）、「何時」（When）等字給予更多口語化的長尾關鍵字配置。例如當消費者要以文字搜尋旅館時，最有可能輸入的關鍵字為「高雄 旅館」；不過如果是以語音搜尋，內容將會變為：「高雄有哪些便宜又好的旅館」，可能就必須要多佈局到一些，甚至是「高雄 CP 值最高的旅館在哪裡？」「大家都說好的高雄旅館」等這些長尾關鍵字句子。

隨著語音搜尋的比重愈來愈高，長尾關鍵字雖然流量較小，反而能揭露出更多搜尋者需求的效用，因為經由搜尋長尾關鍵字而來的流量更容易接近你的目標顧客。語音搜尋帶動你的網站主要流量的來源其實是長尾字關鍵字的組合，因此必須得重新進行「關鍵字框架」的整體佈局策略，加上利用與內容優化累積更多長尾關鍵字來加深流量。此外，還有一點要特別注意，不要一再塞入重複相同長尾關鍵字，不妨使用完整意義相近的句子，例如：「油漆式速記法」可換句話說「是一種能夠幫助使用者快速輕鬆記憶的方法」、「同時融合速讀與速記的記憶方法」等。

▲ 長尾關鍵字讓用戶搜尋與網站內容更有關聯

5-2-2 加入 Q&A 頁面

語音搜尋的問題千奇百怪，上至看病求醫、星座算命，下至美食景點、寵物美容等無奇不有，不過這同時也提供了一個經營潛在客戶的管道，許多用戶開啟語音搜尋時，往往會單刀直入問「問題」，例如「泰銖在哪裡兌換？」、「我如何去機場？」、「泰國飯店要付小費嗎？」。因為當顧客不知所措時，就會很渴望看到 Q&A，如果你的產品或服務可以舉列成為 Q&A 頁面，那真的是再好也不過，這時如果店家網站上能提供 Q&A 頁面的問題模式，就很能符合搜尋口語化的相關長尾關鍵字，相對自然能製造更多曝光機會。所以在網站內經營 Q&A 頁面絕對是面對語音搜尋時的 SEO 優化法寶之一。

打造超人氣的語音搜尋 SEO 私房攻略

▲ 自問自答式的 Q&A 頁面最符合語音搜尋者好問的胃口

5-2-3 加強在地化搜尋資訊

❷ 顯示鄰近區域的地圖與商家資訊

❶ 按此鈕更新你的位置

▲ 語音搜尋具有在地化的優先搜尋意圖

由於語音搜尋最常在行動裝置上使用，特別具有在地化的優先搜尋意圖，搜尋結果會優先列出「離自己最近」與評價最高的幾家商家，例如：想找離家近的

全聯超市，我們甚至不需要再打「高雄市 美術館 全聯超市」，只要打「全聯超市」就會出現鄰近全聯超市。

▲ 高雄市美術館附近的全聯超市

如果你的業務涉及店面或門市運營，除了應該應該積極加入「Google 我的商家」，網站上最好還要附上你的商家、名稱（Name）、地址（Address）、電話號碼（Phone Number）等資訊，只要掌握消費者的「搜尋意圖」及「定位」，就能幫助自家品牌網站提高 Google 的辨識度與信任度，這樣一來能不但能讓消費者更快知道他身處附近的相關店家資訊，還能提高 SEO 的排名。

▲ 網站最好附上你的商家 NAP 資訊

5-2-4 善用標題標籤

請善用標題標籤（Title Tag），清楚列出文章重點，找出消費者常問的問題，例如將品牌或店家名稱出現在標題，在 SEO 上也是非常重要的優化項目之一。最好的方式是一個頁面只呈現一個主題，再針對不同的次標題問題去發揮，並在內容架構上的規劃更有邏輯，能讓消費者再確認完需求之後，可以快速找到聯繫、購買方式，將站點簡化，讓消費者可以擁有比過往更流暢的體驗，對改善 SERP 也會有相當幫助。

▲ 善用標記標籤，清楚列出內容重點

5-2-5 增加影片內容

每個行銷人都知道影音行銷的重要性，比起文字與圖片，透過影片的傳播，更能完整傳遞商品資訊。影片能夠建立企業與消費者間的信任，影音的動態視覺傳達可以在第一秒抓住眼球，影片不但是關鍵的分享與行銷媒介，更開啟了大眾素人影音行銷的新視野。現在堂堂進入了網路影音行銷時代，企業為了滿足網友追求最新資訊的閱聽需求，透過專業的影片拍攝與品牌微電影製作方式，

可以讓商品以更多元方式呈現，不但貼近消費者的生活，還可透過影音行銷直接增加的雙方參與感和互動。例如不到一分鐘的開箱短影片的方式，就能幫店家潛移默化教育消費者如何在不同的情境下使用產品。

▲ Google 影片區顯示不同影音資訊來

現在 Google 的 SERP 結果中，除了自然搜尋排名之外，也提供了許多額外的顯示欄位，例如在 Google 影片區（Google Video Box）也會收錄來自各個影音平台的影音資訊，甚至於是放置於個人網站中的影音檔。通常一般較受歡迎的影片類型如電玩遊戲、搞笑耍廢、知識與旅遊、開箱影片、探險、烹飪和美容實境教學，或者不妨規劃一系列叫人如何做的教學影片，任何「有趣」的事情以及具有展演性的說明影片，藉由故事性較強的影片來說明，如美妝品牌影片能夠「代為體驗」，直接做產品開箱與示範，創造貼近粉絲用戶的「嘗鮮感」。店家如果要增加語音搜尋的 SEO 排名，還可以把嵌入影片放在登陸頁面（Landing Page）中或者放到官網上。

打造超人氣的語音搜尋 SEO 私房攻略

▲ 新產品的開箱體驗影片很受歡迎

5-2-6 善用結構化資料

當行銷人員面對語音搜尋方式的改變，未來網站架構就必須更符合新的 SEO 趨勢，也是在執行 SEO 時的另一個祕密武器。例如：加上了「結構化資料」（Structured Data），就可以讓搜尋引擎在檢索整體網站上更有效率，簡單來說，就是替你的文章畫上重點，以標準化的格式，針對網站所提供的訊息與內容特性進行分類。所謂「結構化資料」（Structured Data）是 Google 與 Bing、Yahoo、Yandex 所共同推出的「結構化資料標記」（Structured Data Markup），是指放在網站後台的一段 HTML 中程式碼與標記，用來簡化並分類網站內容，讓搜尋引擎可以快速理解網站，好處是可以讓搜尋結果呈現最佳的表現方式，然後依照不同類型的網站就會有許多不同資訊分類，例如在健身網頁上，結構化資料就能分類工具、體位和體脂肪、熱量、性別等內容。

▲ 非常實用的構化資料標記檢測分析工具

在進入網站主題前，先有個簡述或是摘要，讓網站能夠對 Google 提供更多的資訊顯示，有助於搜尋引擎快速了解你網站中的內容，例如網址、電話、URL、地址、圖片細節、商品名稱、價格、評分、店家地址、電話號碼、圖片、產品評論、最近的活動、發文等，透過結構化資料的幫助，搜尋引擎可以在搜尋結果中提供更多樣化的資訊給使用者，讓使用者更快的理解網站所提供的內容。

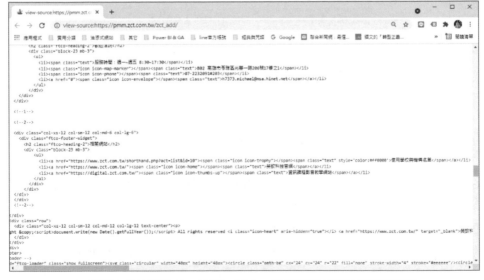

▲ 網頁上的店家地址、電話、URL、產品評論等都是結構化資料

> **🛒 Tips**
>
> 網站管理員工具 - 資料螢光筆（Data Highlighter）是 Google 官方出版的網站標記結構化資料的替代方案，可以直接利用點選方式進行操作，只需透過滑鼠就可以讓資料螢光筆標記網站上的重要資料欄位（如標題、描述、文章、活動等），當 Google 下次檢索網站時，就能以更為顯目的模式呈現在搜尋結果及其他產品中，增加更多的點閱率。

5-2-7 爭取「精選摘要」版位

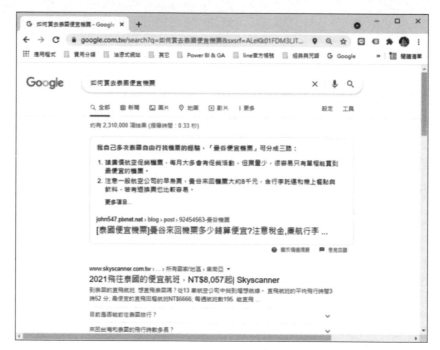

▲ 精選摘要在搜尋結果頁上面最顯眼的位置

Google 從 2014 年起，為了提升用戶的搜尋經驗與針對所搜尋問題給予最直接的解答，會從前幾頁的搜尋結果節錄適合的答案，提供的不是相關結果，而是一個回應問題的答案，而且可以無視所有的排名，出現在 SERP 頁面最顯眼的精華版位置（第 0 個位置），這種呈現方式稱為「精選摘要」（Featured Snippets）版位，通常會以簡單的文字、表格、圖片、影片，或條列解答方式，內容包括商

品、新聞推薦、國際匯率、運動賽事、電影時刻表、產品價格、天氣，與知識問答等，還會在下方帶出店家網站標題與網址。

▲ 精選摘要會以文字、表格、圖片、影片等多元模式呈現

精選摘要非常特別，針對廣大用戶不同的搜尋意圖，Google 會給出最適當的表達方式，現在不論是各種品牌或店家，無一不竭盡所能想要爭取進入精選摘要的版位，因為「精選摘要」不僅是佔用了 SERP 頁上最頂部的空間，也是能讓你從競爭對手中脫穎而出的關鍵，尤其許多用戶還會認為這是 Google 掛保證推薦的瀏覽內容，更能夠大幅提升網站點擊率。那麼要如何才有機會被 Google 選為精選摘要？事實上，不是將任何特定程式碼或標籤（Tag）放進網站就有用，想要爭取精選摘要只有一個方向，就是提供最符合用戶需求的內容。Google 會根據使用者的搜尋要求來判斷，網頁是否適合放入精選摘要版位，並提供明確答案的相關內容，例如加入更多實用與容易理解圖文排版的精彩內容，能讓訪客有耐心閱讀，增加瀏覽網頁的停留時間，或者盡可能讓標題及內容以問題與指引方式呈現，例如：「為什麼學英文？」、「怎麼學好日文？」「請跟著以下步驟」、「底下是最關鍵的項目」、「如以上表格所示」等，並最好能夠根據你的品牌與產品特性，以問題和條列式的回覆來編寫內容，也會有很大的機會爭取到

版位。

📖 本章 Q&A 練習

1. 請問語音辨識技術的目的是？

2. 何謂自然語言處理（Natural Language Processing，NLP）？

3. 試簡述語音助理（Voice Assistant）？

4. 請簡單敘述語音辨識技術（ASR）分為哪三個步驟？

5. 以物理學的角度而言，聲音有那些組成要素。

6. 何謂類神經網路（Artificial Neural Network）？

7. 什麼是深度學習（Deep Learning，DL）？

8. 請簡介「深度學習」技術在「語音辨識」（Speech Recognition）領域的運用。

9. 何謂「精選摘要」（Featured Snippets）？

10. 試簡述要如何才有機會被 Google 選為精選摘要？

第 **6** 章

讓粉絲甘心掏錢的
社群 **SEO** 行銷

時至今日我們的生活已經離不開網路，網路正是改變一切的重要推手，而現在與網路最形影不離的就是「社群」。社群的觀念可從早期的 BBS、論壇，一直到部落格、Plurk（噗浪）、Twitter（推特）、Pinterest、Youtubler、Instagram、微博或者 Facebook，主導了整個網路世界中人跟人的對話，社群成為 21 世紀的主流媒體，從資料蒐集到消費，人們透過這些社群作為全新的溝通方式，這已經從根本撼動我們現有的生活模式了。

▲ 臉書在全球擁有超過 25 億以上的使用者

社群媒體本身看似跟搜尋引擎無關，其實卻是 SEO 背後相當大的推手，雖然粉絲專頁嚴格來說根本不是一個網站，不過社群媒體的分享數據也是 SEO 排名的影響與評等因素之一。各位經常會發現 Google 或 Yahoo 搜尋結果會出現 FB 粉專或 Youtuble 影片的排名。我們知道 SEO 排名的兩個重要因素，一個是「權重」（Authority），另一個是「連結」（Linking），如果能有策略地針對 SEO 與社群媒體的優化，在社群上表現良好的優質內容可能會獲得更多的「反向連結」（Backlink）。因為透過外部連結店家的網頁內容，SEO 認定權重越高，不但幫助排名，更可以幫助你網站的流量引導。

▲ Google 搜尋結果經常會出現 Facebook 粉專

社群做為網路行銷的重要管道，品牌擁有數個社群管道早已不稀奇，因此你的品牌做好 FB 粉專或 YouTube 影片的 SEO，也有機會超越一般網站的搜尋排名，店家要做好行銷，可以從三大社群（YouTube、Facebook、Instagram）下手，透過簡單易上手的功能、多邊平台整合，並依照各個社群媒體的 SEO 技巧來調整貼文內容，才是提升用戶轉換率的致勝關鍵。

6-1 我的社群網路服務

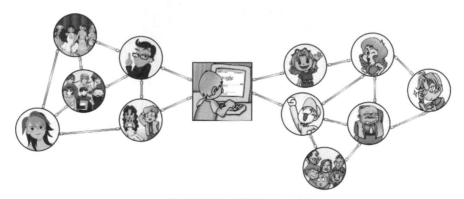

▲ 社群網路的網狀結構示意圖

讓粉絲甘心掏錢的社群 SEO 行銷

「社群」最簡單的定義，可以看成是一種由節點（Node）與邊（Edge）所組成的圖形結構（Graph），其中節點所代表的是人，至於邊所代表的是人與人之間的各種相互連結的多重關係，新的成員又會產生更多的新連結，節點間相連結的邊的定義具有彈性，甚至於允許節點間具有多重關係，整個社群所帶來的價值就是每個連結創造出個別價值的總和，進而形成連接全世界的社群網路。

> **Tips**
>
> 社群網路服務（SNS）是 Web 體系下的一個技術應用架構，基於哈佛大學心理學教授米爾格藍（Stanely Milgram）所提出的「六度分隔理論」（Six Degrees of Separation）來運作。這個理論主要是說在人際網路中，平均而言只需在社群網路中走六步即可到達，簡單來說，這個世界事實上是緊密相連著的，只是人們察覺不出來，地球就像 6 人小世界，假如你想認識美國總統川普，只要找到對的人在 6 個人之間就能得到連結。

6-1-1 社群商務與粉絲經濟

▲ 星巴克相當擅長社群與實體店面的行銷整合

當各位平時心中浮現出購買某種商品的慾望，如果對某些商品不熟悉，是不是會不自覺打開臉書、IG、Google 或其他網路平台，尋求網友對購買過這項商品的使用心得，比起一般傳統廣告，現在的消費者更相信網友或粉絲的介紹，根據國外最新的統計，88% 的消費者會被社群其他用見的意見或評論所影響，表示 C2C（消費者影響消費者）模式的力量愈來愈大，已經深深影響大多數重度網路者的購買決策，這就是社群口碑的力量，藉由這股勢力，漸漸的發展出另一種商務形式「社群商務（Social Commerce）」。

社群商務（Social Commerce）的定義就是社群與商務的組合名詞，透過社群平台獲得更多顧客，由於社群中的人們彼此會分享資訊，相互交流間接產生了依賴與歸屬感，並利用社群平台的特性鞏固粉絲與消費者，不但能提供消費者在社群空間的討論分享與溝通，又能滿足消費者的購物慾望，更進一步能創造企業或品牌更大的商機。

▲ 微博是進軍中國大陸市場的主要社群行銷平台

臉書（Facebook）在 2018 年底時全球使用人數已突破 25 億，臉書從 2009 年 Facebook 在臺灣開始火熱起來之後，小自賣雞排的攤販，大至知名品牌、企業的大老闆，都紛紛在臉書上頭經營粉絲專頁（Fans Page），透過臉書與分享照片，更讓學生、上班族、家庭主婦都為之瘋狂。臉書創辦人馬克佐克伯：「如果我一定要猜的話，下一個爆發式成長的領域就是「社群商務」（Social

Commerce）」，今日的社群媒體，已進化成擁有策略思考與行銷能力的利器，社群平台的盛行，讓全球電商們有了全新的商務管道，不用花大錢，小品牌也能在市場上佔有一席之地。

至於粉絲經濟的定義就是基於社群商務而形成的一種經濟思維，透過交流、推薦、分享、互動模式，不但是一種聚落型經濟，社群成員之間的互動是粉絲經濟運作的動力來源，就是泛指架構在粉絲（Fans）和被關注者關係之上的經營性創新行為。品牌和粉絲就像戀人一對戀人樣，在這個時代做好粉絲經營，首先要知道粉絲到社群是來分享心情，而不是來看廣告，現在的消費者早已厭倦了老舊的強力推銷手法，唯有仔細傾聽彼此需求，關係才能走得長遠。

用心回覆訪客貼文是提升商品信賴感的方式之一

▲ 桂格燕麥粉絲專頁經營就相當成功

6-2 社群行銷的特性

▲ 小米機成功運用社群贏取大量粉絲

「社群行銷」（Social Media Marketing）真的有那麼大威力嗎？根據最新的統計報告，有 2/3 美國消費者購買新產品時會先參考社群上的評論，且有 1/2 以上受訪者會因為社群媒體上的推薦而嘗試新品牌。大陸紅極一時的小米機用經營社群與粉絲專業，發揮口碑行銷的最大效能，使得小米品牌的影響力能夠迅速在市場上蔓延。社群行銷不只是一種網路工具的應用，還能促進真實世界的銷售與客戶經營，並達到提升黏著度、強化品牌知名度與創造品牌價值。所謂「戲法人人會變，各有巧妙不同」，首先就必須了解社群行銷的四大特性。

6-2-1 分享性

在社群行銷的層面上，有些是天條，不能違背，無論粉絲專頁或社團經營，最重要的都是活躍度，例如「分享」絕對是經營品牌的必要成本，還要能與消費者引發「品牌對話」的效果。社群並不是一個可以直接販賣的場所，有些店家覺得設了一個 Facebook 粉絲專頁，以為三不五時想到就到 FB 貼貼文，就可以打開知名度，讓品牌能見度大增，這種想法還真是大錯特錯，事實上，就算許多人成為你的粉絲，不代表他們就一定想要被你推銷。分享更是社群行銷的終極武器，社群行銷的一個死穴，就是要不斷創造分享與討論，例如在社群中分享客戶的真實小故事，或連結到官網及品牌社群網站等，絕對會比廠商付費的推銷文更容易吸引人。

▲ 陳韻如靠著分享瘦身經驗帶量大量的粉絲

6-2-2 黏著性

好的社群行銷技巧，絕對不只把品牌當廣告，社群行銷成功的關鍵字不在「社群」，而在於「互動」！現代人已經無時無刻都藉由網路緊密連結在一起，只

是連結型式和平台不斷在轉換,而且能讓相同愛好的人可以快速分享訊息,不斷創造話題和粉絲產生互動再互動。其實店家光是會找話題,還不足以引起粉絲的注意,特別是根據統計,社群上只有百分之一的貼文,被轉載超過七次,贏取粉絲信任是一個長遠的過程,因為社群而產生的粉絲經濟,是與「人」相關的經濟,消費者選擇創造「共享價值」的品牌正在上升,「熟悉衍生喜歡與信任」是廣受採用的心理學原理,並產生忠誠和提高績效的積極影響。

▲ 蘭芝利用社群來培養小資女的黏著度

6-2-3 傳染性

社群行銷本身就是一種內容行銷,過程是不斷創造口碑價值的活動,社群網路具有獨特的傳染性功能,由於網路大幅加快了訊息傳遞的速度,也拉大了傳遞的範圍,那是一種累進式的行銷過程,能產生「投入」的共感交流,講究的是互動與對話接著把產品訊息置入互動的內容,透過網路的無遠弗界以及社群的口碑效應,口耳相傳之間,被病毒式轉貼的內容,透過現有顧客吸引新顧客,利用口碑、邀請、推薦和分享的方式,在短時間內提高曝光率,借此營造「氣氛」(Atmosphere),引發社群的迴響與互動,進而造成了現有顧客吸引未來新顧客的傳染效應。

讓粉絲甘心掏錢的社群 SEO 行銷

▲ 臉書創辦人祖克柏也參加 ALS 冰桶挑戰賽

例如 2014 年由美國漸凍人協會發起的冰桶挑戰賽就是一個善用社群媒體來進行口碑式行銷的活動。這次的公益活動的發起是為了喚醒大眾對於肌萎縮性脊髓側所硬化症（ALS），俗稱漸凍人的重視，挑戰方式很簡單，志願者可以選擇在自己頭上倒一桶冰水，滿足人們的感官樂趣。加上活動本身簡單、有趣，更獲得不少名人加持，讓社群討論、分享，甚至參與這個活動變成一股深具傳染力的新興潮流。

6-2-4 多元性

社群行銷的多元性可以從行銷手法與工具之多，簡直讓人眼花撩亂，從事社群行銷，絕對不是只靠 SOP 式的發發貼文，就能夠吸引大批粉絲關心，社群平台為了因應市場的變化，幾乎每天都在調整演算法，由於社群經常更新，全新的平台也不斷產生，隨著不同類型的社群平台相繼問世，已產生愈來愈多的專業分眾社群，想要藉由社群網站告知並推廣自家的企劃活動，就必須抓住各個社群的特徵。

▲ Gap 透過 IG 發佈時尚潮流短片，帶來業績大量成長

「粉絲多不見得好，選對平台才有效！」經營社群媒體的目的是讓自己更容易被看到，選對自己「同溫層」（Stratosphere）的社群相當重要，在擬定社群行銷策略時，你必須要注意「受眾是誰」、「用哪個社群平台最適合」。行銷手法或許跟著平台轉換有所差異，但消費人性是不變，如果你想成功經營社群，就必須設法跟上各種社群的最新脈動。例如在臉書發文則較適合發溫馨、實用與幽默的日常生活內容，使用者多數還是習慣以文字做為主要溝通與傳播媒介，Twitter 由於有限制發文字數，不過有效、即時、講重點的特性在歐國各國十分流行。

▲ 美國總統川普經常在推特上發文表達政見

🛒 **Tips**

「同溫層」（Stratosphere）所揭示的是一個心理與社會學上的問題，美國學者桑斯坦（Cass Sunstein）表示：「雖然上百萬人使用網路社群來拓展視野，同時也可能建立起新的屏障，許多人卻反其道而行，積極撰寫與發表個人興趣及偏見，使其生活在同溫層中。」簡單來說，與我們生活圈接近且互動頻繁的用戶，通常同質性高，所獲取的資訊也較為相近，容易導致比較願意接受與自己立場相近的觀點。

▲ Pinterest 在社群行銷導購上成效都十分亮眼

如果各位想要經營好年輕族群，Instagram 就是在全球這波「圖像比文字更有力」的趨勢中，崛起最快的社群分享平台，至於 Pinterest 則有豐富的飲食、時尚、美容的最新訊息。LinkedIn 是目前全球最大的專業社群網站，大多是以較年長，而且有求職需求的客群居多，有許多產業趨勢及專業文章如果是針對企業用戶，那麼 LinkedIn 就會有事半功倍的效果，反而對一般的品牌宣傳不會有太大效果。如果是針對零散的個人消費者，推薦使用 Instagram 或 Facebook 都很適合，特別是 Facebook 能夠廣泛地連結到每個人生活圈的朋友跟家人。社群行銷時必須多多思考如何抓住口味轉變極快的社群，就能和粉絲間有更多更好的

互動，才是成功行銷的不二法門。

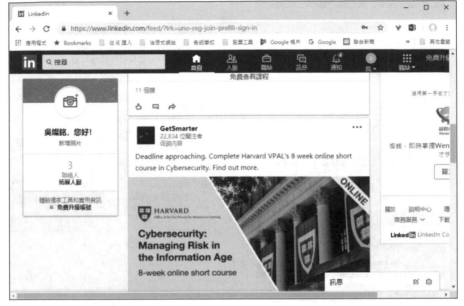

▲ LinkedIn 是全球最大專業人士社交網站

6-3　臉書不能說的 SEO 技巧

Facebook 簡稱為 FB，中文被稱為臉書，Facebook 是以社群功能著稱，可以撰寫長篇的貼文、上傳影片、評論、針對不同訊息做出不同的回饋，許多人幾乎每天一睜開眼就先上臉書，關注朋友們的最新動態，廣泛地連結到每個人生活圈的朋友跟家人，堪稱每個人都會路過的「國民社群」。所謂人多流量大的地方就有網路行銷商機，說到社群媒體，臉書始終保有著不可取代的領先地位，而且 Facebook 目前仍是台灣最大直播戰場。

用心回覆訪客貼文是提升商品信賴感的方式之一

▲ 桂格燕麥粉絲專頁經營就相當成功

由於店家官網屬於單向的傳遞資訊給客戶，主要是用來「呈現商品內容」，FB 的粉專則是可以有互動來往，大部分用來「交朋友」，幫助店家了解更多潛在客戶的訊息甚至潛移默化中轉成顧客，可以視為是公司的第二個官網。店家最好的辦法是同時建置網站與粉絲團，當店家貨品有新產品或促銷時，可以透過 FB 來曝光，進而將流量導回官網。當然如果你的品牌能一併做好官網與粉專的 SEO 優化，更容易在搜尋引擎上展露頭角，獲得更多曝光率和排名，也能讓品牌帳號更有機會接觸到潛在客戶。

近年來相信很多小編都深深感受到 FB 觸及率開始下降了，FB 行銷似乎沒辦法像以往那麼容易帶來業績，因為社群平台並不會佛系般地主動替你帶來各種客源和流量，主要是臉書演算法機制的改變，希望大家可以轉向購買臉書的廣告來增加曝光率，導致小編們用力回了半天的貼文，也沒有得到相對的轉換率。臉書貼文除了透過不同的發文形式而產生不同觸及率，還必須善用搭配 SEO 技巧來推廣。以下我們將要介紹如何透過 FB 進行 SEO 的特殊技巧。

6-3-1 優化貼文才是王道

▲ Baked by Melissa 成功張貼有趣又繽紛的貼文

未來網路行銷的模式與趨勢不管如何變化發展，內容都會是 SEO 最為關鍵的一點，貼文內容不僅是粉絲專頁進行網路行銷的關鍵，而且可以說是最重要的關鍵！我們知道任何 SEO 都會回歸到「內容為王」（Content is King）的天條，切記別為了迎合點擊率而產出對用戶毫無幫助的大肆宣傳內容，因為任何再高明的行銷技巧都無法幫助銷售爛產品一樣，如果粉專內容很差勁，SEO 能起到的作用一定是非常有限。例如果文章寫得不錯，粉絲還會幫忙分享，許多留言都會優化或加強文章內容，或者你的貼文擁有良好的互動表現，還要附上官網連結或者加入行動號召鈕（CAT），甚至於把最重要的 FB 貼文進行置頂，更容易引導消費者做出特定的導流行動。千萬記住！任何流量管道的經營，不管是被標籤或打卡都是增加網路聲量的好方法，SEO 上的排名肯定就會跟著上升！

 Tips

CAT（Call-to-Action，行動號召）鈕是希望訪客去達到某些目的的行動，就是希望召喚消費者去採取某些有助消費的活動，例如故意將訪客引導至網站策劃的「到達頁面」（Landing Page），會有特別的 CAT，讓訪客參與店家企畫的活動。

6-3-2 關鍵字與粉專命名

經營粉絲專頁最基本的手段也是 SEO 關鍵字優化，用戶一樣是可以利用關鍵字找到粉專，所以在品牌故事、粉絲專頁基本資料、提供的服務、說明或網址等，並在其中提到地址、聯絡方式，都可以置入與品牌或商品有關的關鍵字，在粉絲專頁中，這些都是對 SEO 非常有幫助的元素。每次發布 FB 貼文內容時也可以使用貼文主題相關的關鍵字或主題標籤（#hashtag）來增加曝光度，讓粉絲／消費者更容易透過搜尋功能找到你的內容，貼文的開頭最好提到關鍵字，因為這些正是粉絲專頁能執行 SEO 的元素。

命名更是一門大學問！各位想要提高品牌粉專被搜尋到的機會，首先就要幫你的粉專取個響亮好記的用戶名稱，也能把冗長的網址變得較為精簡，方便用戶記憶和分享，這點不但影響品牌形象，對搜索量也相當有幫助，是 FB 的關鍵字優化的最關鍵的一步。粉絲專頁的用戶名稱就是臉書專頁的短網址。當客戶搜尋不到您的粉絲頁時，輸入短網址是非常好用的方法，所以盡量簡單好輸入。如下圖所示的「美心食堂」：

▲ 粉絲專頁名稱＋粉絲專頁編號

由於網址很長，又有一大串的數字，過於複雜的網址對 SEO 優化來說沒有好處，在推廣上比較不方便，設置較為精簡的網址也更容易被搜尋引擎收錄，粉絲專頁的用戶名稱只要建立成功，就可以用簡單又好記的文字呈現，以後可以用在宣傳與行銷上。如下所示，以「Maximfood」替代了「美心食堂-1636316333300467」。

由於 FB 粉專代表著品牌形象，名稱不要太多底線、不容易辨識的字體、莫名奇妙的數字等等，尤其不要落落長取一個什麼 XX 股份有限公司，也務必要花時間好好地寫店家粉專的完整資訊，讓用戶可在最短的時間了解你這個品牌，基本資料填寫越詳細對消費者搜尋上肯定有很大的幫助，如果以網站來做對比，粉

專名稱就如同 Title 標題，其他説明就好比 Meta description 描述，粉專名稱的最前方，最好適當塞入關鍵字，且符合目標受眾的搜尋直覺。

6-3-3 聊天機器人的應用

▲ 臉書上相當熱門的聊天機器人 -Chatisfy

聊天機器人（Chatbot）則是目前許多店家客服的創意新玩法，背後的核心技術即是以自然語言處理（NLP）為主，利用電腦模擬與使用者互動對話。聊天機器人能夠全天候地提供即時服務，與自設不同的流程來達到想要的目的，也能更精準地提供產品資訊與個人化的服務。FB 聊天機器人是粉絲專頁的創意新玩法，主要透過人工智慧（AI）方式，利用電腦模擬與使用者互動對話。聊天機器人可以協助商家開發自動回覆訊息，而不用寫任何一行的程式。例如 ManyChat、Chatfuel 等，只要使用聊天機器人製作一些常用問題或回答按鈕，當客戶有疑慮時，點擊按鈕就能自動回覆，完全不受時間的限制，能與用戶有24 小時的服務連結，自然對 SEO 有大大助益。

如果消費者在商家的臉書上留言，系統就會自動私訊回覆預設訊息，由於用戶的開信率高，而粉絲留言時立即回覆與互動，甚至可以客製化互動模式，營造專人親自回覆的貼心感受，藉由 FB 粉絲專頁及聊天機器人與粉絲傳遞浪漫感動，不但創造驚人的流量，並且將流量引導到自身網站，不但給予粉絲們流暢

的體驗，也提高了粉絲專頁的自然觸擊率，最重要是還能夠直接得到對該服務或產品有興趣的客戶可能名單。

6-4 IG 吸粉的 SEO 筆記

Instagram（IG）是一款依靠行動裝置興起的免費社群軟體，許多年輕人幾乎每天一睜開眼就先上 Instagram，關注朋友們的最新動態，我們甚至可以這樣形容：Facebook 是最能細分目標受眾的社群網站，主要用於與朋友和家人保持聯絡，而 Instagram 則是能提供用戶發現精彩照片和瞬間欣喜，並因此深受感動及啟發的平台。至於使用 Instagram 的受眾跟 Facebook 有年齡與內容上的差距與喜好，基本分辨方式是以年齡區分：25 歲以上為 FB 族群；以下則多為 IG 族群，因為 Instagram 是原生的手機應用為主的社群，強調影像式的原生內容，首重視覺衝擊第一，時下年輕人逐漸將重心轉移至 Instagram，使其成為品牌行銷的必備利器。

▲ 星巴克經常在 IG 上推出美美促銷圖片

Instagram 本質核心雖然不是搜尋引擎，不過 Instagram 有內建的搜尋欄位，可依照用戶輸入的關鍵字來選擇，Instagram SEO 主要是用於站內優化，而非其他搜尋引擎，由於 SEO 也偏好社群活耀度高的用戶，想要自己的 IG 觸及更好，SEO 的某些技巧依舊可以套用在 Instagram 演算法，輕鬆獲取免費的自然流量和追蹤。以下我們將要介紹如何透過 IG 進行 SEO 的特殊技巧。

6-4-1　用戶名稱的 SEO 眉角

Instagram 用戶名稱，等於是其中一個關鍵字管理的重心，店家首先務必要花時間好好地寫 IG 帳號的完整資訊。因為 IG 帳號已經被視為是品牌官網的代表，IG 所使用的帳戶名稱，名稱與簡介也最好能夠讓人耳熟能詳，所以當你使用 IG 來行銷自家商品時，那麼帳號名稱最好取一個與商品相關的好名字，並添加「商店」或「Shop」的關鍵字，如果有主要行業別或產品也可加上，讓用戶在最短的時間了解你這個品牌，因為這不只攸關品牌意識，更關乎到 SEO。

例如當各位有機會被其他 IG 用戶搜尋到，第一眼被吸引的絕對會是個人頁面上的大頭貼照，圓形的大頭貼照可以是個人相片，或是足以代表店家特色的圖

讓粉絲甘心掏錢的社群 SEO 行銷

像，以便從一開始就緊抓粉絲的眼球動線。此外，個人檔案也是用戶點擊進入你的 Instagram 帳號後，下方會出現的資訊列，完善的個人檔案也是 SEO 重點，我們建議這個地方也可以用來塞入長尾關鍵字，以增加帳號曝光率。不過請留意！雖然沒有適當的關鍵字就帶不出你的貼文，貼文中重複過多無意義的關鍵字，可能會被演算法認為是作弊行為，反而會讓 SEO 排名更下降。

6-4-2 主題標籤的魔術

許多 SEO 的老手都知道關鍵字的重要性，關鍵字可以說是反應人群需求的一種集合數據，關鍵字搜尋量越高，通常代表越多人會做的相關主題，貼文內容要常提及目標關鍵字，例如文章第一行強烈建議打出標題、店名、品名、活動等各種關鍵字，可以更有效提升 SEO 排名，或者利用 ALT TEXT 功能，為相片加入清楚地自定義替代文字，這個 2019 年剛出爐的新功能會讓你的貼文有更多露臉機會，也能供用戶有更多的方式獲取 IG 的內容。因為 Google 並不會直接讀取圖片，它們會讀取 ALT TEXT 中的敘述文字，可以輕易讓貼文獲取更多觸及率，演算法也會針對有使用替代文字的貼文給予較好的排名，最後在文章當中，利用關鍵字連結到圖片，也是對 SEO 有不少加分的作用。

IG 的主題標籤（Hashtag）和網站 SEO 的關鍵字概念非常類似，Instagram SEO 就是使用 Hashtags 輕鬆帶出各位的貼文。店家可以把 Hashtag 想成文章的關鍵字，Hashtag 用的好，可有效增加互動及提升貼文能見度，一篇貼文內最多可以使用 30 個 Hashtags，越多的 Hashtags 表示可以觸及的用戶更多。很多時候在 IG 上的用戶都是直接搜尋主題標籤找到店家，各位只要限時動態、圖片、文字中善加選擇熱門的 Hashtags，不僅貼文能被判定為有效貼文，在搜尋引擎中較容易被找到，或者標註你所在的城市與著名地標。

▲ 搜尋該主題可以看到數千則的貼文，貼文數量越多就表示使用這個關鍵字的人數越多

店家在決定使用什麼 Hashtags 之前，不妨先進入 IG 的搜尋欄中，看看使用這個 Hashtags 的貼文數，相關程度較高的標籤都有助於你的貼文有更多曝光機會，貼文內也必須包含自己品牌或店家名稱的 Hashtags，IG 也會主動將貼文推薦給會喜歡你 Hashtag 的用戶。當然你最好每天固定多花一些時間和粉絲互動，無論是留言、按讚或追蹤等，特別是在限時動態的觀看及留言都會被 SEO 判定為值得散播的內容。

讓粉絲甘心掏錢的社群 SEO 行銷

6-4-3 視覺化內容的加持

視覺化內容在 IG 的世界中是非常重要，由於 IG 的用戶多半天生就是視覺系動物，內文要夠精簡扼要，配合高品質的影片或圖片，主題鮮明最好分門別類，頁面視覺風格一致，讓主題內的圖文有高度的關聯性，不但讓粉絲直覺聯想到品牌，更迅速了解商品內容。檔案名稱也同樣可以給予搜尋引擎一些關於圖片內容的提示，建議使用具有相關意義的名稱，例如與關鍵字或是品牌相關的檔名，這也是 SEO 的技巧之一。

▲ 視覺化內容的優化對 SEO 排名也有幫助

請注意！只有 80% 以上的內容跟用戶有關，而且是他們想看的貼文，才有辦法創造真正有效的流量，不要忘記讓粉絲願意主動留言永遠是社群平台上唯二不敗的經營方式，許多留言更會優化或加強文章內容，或者你的貼文擁有良好的互動表現，還要附上官網連結，將 IG 變成嵌入到官網的一部分，讓粉絲點擊官網追蹤，進而粉絲還會幫忙分享，分享數與留言目前依然是提升貼文 SEO 排名的關鍵指標。如果文章寫得不錯，粉絲可能還會想跟品牌私底下互動，這個動作甚至比按愛心、留言及觀看還要被 SEO 看重。

6-5 YouTube SEO 的影音網紅私房技

YouTube 是分享影音的平台，任何人只要擁有 Google 帳戶，都可以在此網站上傳與分享個人錄製的影音內容，YouTube 作為台灣使用者首選的影音觀看平台，年輕人每天進行大量的視覺化溝通，並通過影像探索世界，影片主題五花八門，唯有有共鳴、夠獨特才能勝出，絕對是是品牌進行溝通的重要管道。自從 2006 年 YouTube 被 Google 收購後，影片也更容易被納入 Google 搜尋結果，也就是可以透過 SEO 找流量，不但能吸引更多 Google 流量來源，也能提高使用者瀏覽體驗。此外，YouTube 做為世界上第二大的搜尋引擎，也是最大的線上免費教學平台，搜尋量也絕對不容小趨，在許多場合 YouTube 甚至比黃金時段的電視有更大的流量。

▲ YouTube 廣告效益相當驚人！紅色區塊都是可用的廣告區

🛒 **Tips**

影音網紅（YouTuber）就是已經通過了市場的考驗，養出一批專屬的受眾，而且具備相當人氣的頻道主，主打的就是與廣大觀眾的情感共鳴，其製作的影片通常能夠吸引觀眾點擊，直接造成廣告曝光次數增加。這些 YouTuber 們可能意外地透過偶發事件爆紅，或者經過長期的名聲累積與經驗，成為 YouTuber 不僅可以得到知名度，還能靠著點閱率賺錢，主要賺錢方式包括放廣告、廠商贊助業配、賣商品賺取收入等。

「視覺」是當今 Y 世代喜愛獲取資訊的主流型態，因為影音內容能帶來場景體驗，幫助驅動消費，眼見影音平台越來越夯，所謂流量即人潮，人潮就是錢潮，如果店家想增加品牌印象和與未來潛在消費者之間的連結，YouTube 肯定是你不可或缺的重要平台，因為根據研究機構統計，通常會在 FB 看影片的多半是路過客，但會願意留在你 YouTube 駐足的肯定是忠實鐵粉。因為 YouTube 的用戶多半都是以「搜尋」或接受推薦的方式去找到自己想要的訊息，FB 與 IG 多半是透過朋友圈和主題標籤進行擴散，對其他接受擴散訊息的用戶不見得真正有需求。

YouTube 與 FB、IG 之間最大的差異在於經營模式，很多 YouTube 可能會有這樣一個經驗，辛辛苦苦地拍攝了一部高品質的影片，然後興沖沖上傳到 YouTube，由於 YouTube 平台上面的影片實在太多，最後觀看的人卻寥寥無幾。不用灰心！雖然 YouTube 平台特性不見得能夠讓你的影片流量馬上一飛沖天，但只要找到擅長主題，透過充分利用 YouTube SEO 就可以使影片脫穎而出，大量增加 YouTube 影片或頻道的曝光度。以下我們將要介紹如何透過 YouTube 進行 SEO 的特殊技巧。

6-5-1 玩轉影片的關鍵字

▲ YouTube 影片標題、縮圖、說明、標籤都會影響 SEO 的排名

許多 YouTuber 往往只專注在影片內容製作，卻忽略影片標題、說明、標籤等文字資訊的重要性。影片縮圖是使用者在搜尋後最先會關注的事情，建議影片的縮圖要清楚，盡量有明確的主題性，這也是 SEO 的加分題。首先盡可能地在影片標題的命名上讓你的目標客群（TC）有意願要點擊你的影片，盡可能找到搜尋量高且符合影片內容的關鍵字，一般建議將關鍵字放在標題前面，對於 SEO 的效果會較好，並將其貫穿主軸，例如在標題和描述中加入關鍵字，除了可以讓演算法得知影片內容，也是影響使用者點擊與否的關鍵。

由於 SEO 非常重視關聯性，如果是系列性的影片，標題的名稱一致性也非常重要，一個吸睛的影片標題雖然無法使影片內容變得更加精采，卻較容易使觀眾對影片更加感興趣，更重要的是要體現影片內容和價值。至於標題優化及關鍵字的置入，可依照品牌的需求而定，我們也建議一支影片最好放入 5~10 個關鍵字，特別是在上傳影片的時候，在影片說明欄位的部份，提供完整的影片描述，對於 YouTube SEO 來說，會仰賴說明來判定影片與關鍵字的相關性，除了可以讓搜尋者快速瞭解影片資訊外，越是豐富的說明越能增加影片的曝光機會，至於在上傳影片之前，請先為影片命名一個適當的檔名，檔名中最好包含關鍵字，更是 YouTube SEO 優化的大重點，可以增加該影片的曝光機會。

▲ 系列性的影片最好要有一致性標題

6-5-2 優化導流與分享

YouTube 也可以看成是一種宣傳的平台，影片不僅要吸引眼球，最重要的是要吸引訪客進入店家的官網，因為真正的產品與服務都在官網裡，所以導流相對重要，社群 SEO 行銷的首要目標就是掌握受眾的輪廓與軟肋，而使用 YouTube 影片最強大的功能就是導流。當店家將自製的影片上傳到 YouTube 品牌帳戶後，會讓更多人有機會觀看到你的影片，YouTube 影片行銷是持久戰，不妨加把勁透過 YouTube 提供的「分享」功能來進行分享。YouTube 可以讓影片透過轉發 Facebook、Instagram 導流圈粉，或者透過電子郵件方式將影片分享出去。例如對 YouTuber 網紅們來說，最基本的自然是把 IG 或 FB 上的粉絲導向到 YouTube 平台上，比起觀看次數，YouTube 更在意使用者的回流率，包括該頻道訂閱的人數，以及觀看影片後訂閱頻道的人數也是 YouTube SEO 排名的重要準則，才能透過 YouTube 平台分潤機制獲得更可觀的收入。

▲ 直接上傳到 FB 或 IG 的影片，稱為原生影片

6-5-3 字幕與高清影像的加值秀

對於用戶涉入程度較高，任何能引起受眾反應的影片都是佳作，例如美妝品牌影片能夠直接做產品開箱與試色，是因為消費者在購買商品之前，都會想

先透過影片「代為體驗」，創造貼近粉絲用戶的「嘗鮮感」影片的互動數也是YouTube判別影片好壞的關鍵指標之一，包括影片觀看次數、留言數、瀏覽量、點擊率、分享次數、訂閱與加入CTA鈕來引導消費者做出特定的導流行動等形式的互動行為，對曝光強度來說都是會加分。

當觀眾主動評論後，你的回覆留言內容最好也能適時的加入品牌關鍵字，因為每支影片獲得的評論訊息是YouTube SEO判斷影片優劣的關鍵原因。此外，加入字幕雖然是個耗時的工作，但影片內加上字幕不但可以加強關鍵字強度，也會增加影片的受眾與瀏覽體驗，對搜尋也有非常大的幫助。

▲ 影片內加上字幕，對於 YouTube SEO 帶來的效益非常大

影片製作除了要有精采內容之外，播放前20~30秒非常關鍵，建議最好立即勾劃出影片重點，觀眾會在這段時間決定對影片是感興趣，影片自然會獲得更長的觀看時間，者對SEO的排名也會提升。良好成像品質的影片會得到YouTube平台的特別青睞，比起觀看次數，YouTube更在意使用者的回流率，排名在第一頁的影片有超過六成都是使用高清影像（Full HD）。

讓粉絲甘心掏錢的社群SEO行銷

▲ 影片提供高清影像（Full HD）也是 YouTube SEO 的加分題

此外，較長的影片通常能夠提供價值相對也較多，因為 YouTube 希望能讓人們延長停留在平台的時間，如果再加上選擇適合的影片分類，可以協助觀眾了解該影片和類別屬性，最後別忘了利用結束畫面＆資訊卡，增加觀眾延續觀看其他相關影片的機會，因為在短時間內有相對多的人次瀏覽，影片自然也會衝到搜尋排名結果的前面，這也將有助於你的 YouTube SEO。

📖 本章 Q&A 練習

1. 請簡介「社群網路服務」（Social Networking Service，SNS）與「六度分隔理論」。
2. 請簡介 Instagram。
3. 請問行動社群行銷有哪四種重要特性？
4. 什麼是「同溫層」（Stratosphere）？
5. 請問如何增加粉絲對品牌的黏著性？
6. 請問如何在社群中進行分享，試舉例說明。
7. 請簡介社群商務（Social Commerce）的定義。
8. 請簡述「原生影片」。
9. 請簡述「聊天機器人」（Chatbot）。
10. 請問如何增加粉絲對品牌的黏著性？
11. 請簡單說明標籤的功用。
12. 試簡介「影音網紅」（YouTuber）。

## 第 7 章

網路大神的 SEO 數據分析神器——Google Analytics

在數位經濟時代，電商網站的種類與技術不斷地推陳出新，使得電子商務走向更趨於多元化，由於不同性質網站所設定的目標不同，店家對於網站經營結果的評估，往往都是憑藉著自己的感覺來審視冰冷的數據，然而在網路上只有量化的數據才是數據。Google Analytics（簡稱 GA 分析）是 Google 官方推出的網站數據分析工具，更是做好 SEO 優化與提高流量不可或缺的神器，你可以使用這些數據找到潛在的問題和隱藏的事實，理解自家網站真正的優化成效。

▲ Google Analytics 是數據分析人員必備的超強工具

由於善用與培養網站數據分析思維，絕對是 SEO 成功的關鍵因素，例如最好能定期花時間分析網站的推薦流量，就能透過 Google Analytics 找出改善來源，這非常有助於建立更多流量的機會，也是優化 SEO 的有效方法。正如同鴻海郭董事長常說：「魔鬼就在細節裏！」。Google 所提供的 Google Analytics（GA）就是一套免費且功能強大的跨平台網路行銷流量分析工具，也稱得上是全方位監控網站與優化效能的必備網站分析工具，不僅能讓企業可以估算銷售量和轉換率，還能提供最新的數據分析資料，包括網站流量、訪客來源、行銷活動成效、頁面拜訪次數、訪客回訪等，甚至能夠優化網站的動線以及轉換率。

7-1 GA 的工作原理

Google Analytics 網站分析主要是用一種稱之為「網頁標記」(Page Tags) 的追蹤技術進行資料收集,我們可以將這串程式碼置於網站中的每一網頁,如此一來當使用者連上這個網站時,使用者的瀏覽器就會載入 Google Analytics 的追蹤碼 (Google Analytics Tracking Code),這組追蹤碼會追蹤到訪客在每一頁上所進行的行為,並將資料送到 Google Analytics 資料庫,最後在 Google Analytics 以各種類型的報表呈現。下圖就是追蹤程式碼的過程,請複製這段程式碼,並在您想追蹤的每一個網頁上,於 <HEAD> 中當作第一個項目貼上,就可以像 CCTV(監視器)一樣,追蹤到訪客在網頁上的行為。

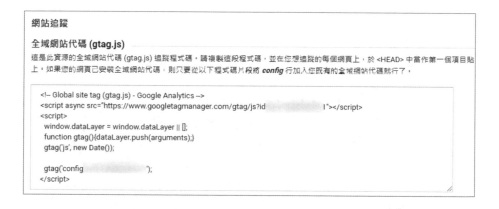

各位了解 GA 背後運行原理後,我們知道,要能追蹤使用者的瀏覽行為,必須該位使用者所使用的瀏覽器支援 JavaScript 才可以,大部份目前主流的瀏覽器都支援 JavaScript 語法。以 Chrome 瀏覽器為例,如果要關閉解譯 JavaScript,請在瀏覽器網址列右側按「自訂及管理 Google Chrome」⋮ 鈕,可以參考下圖的設定位置,就可以將 JavaScript 從「已允許」變更成「已封鎖」:

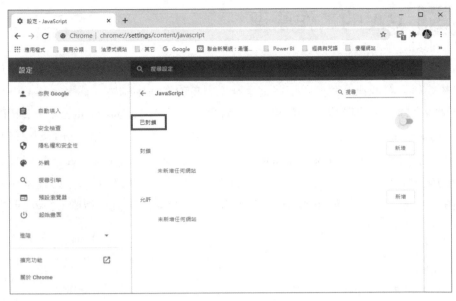

▲「設定 / 隱私權和安全性 / 網站設定 / 內容 /JavaScript」視窗

事實上，如果各位在網站安裝 GA 的追蹤碼，在預設的情況下就會提供許多相當實用的指標及有價值的資訊，例如包括網站流量、訪客來源、行銷活動成效、頁面拜訪次數、訪客回訪⋯等，這些資訊不需要事先規劃就可以在 GA 提供的多種報表中找到這些寶貴的資訊。

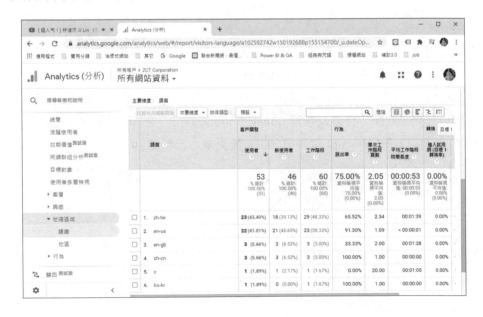

如果各位想知道使用者在網站中對某一特定文章的超連結是否有點擊，各位必須事先規劃追蹤這一個使用者行為，GA 才可以依據使用者所自訂的報表，來提供有這些事先規劃有價值的資訊。

7-1-1 申請 Google Analytics

各位想要取得 Google Analytics 來幫忙分析網站流量與各種數據，只要三個簡易的步驟即可：

1. 申請 Google Analytics
2. 將追蹤程式碼依指定方式貼入網頁
3. 解讀 Google Analytics 追蹤網頁所收集相關統計資訊

接下來就開始示範如何申請 Google Analytics 帳號：

步驟 1 ：請先自行申請一個 Gmail 帳號後，接著請在 Google 搜尋引擎頁面，並於右上角按下「登入」。

以 Gmail 帳戶進行登入後，輸入 https://analytics.google.com 網址，連上 Google Analytics 官方網頁。在官方網站中說明了只要 3 個步驟就能開始分析網站流量，請點選網頁右方的「申請」鈕：

網路大神的 SEO 數據分析神器──Google Analytics

步驟 2：設定所要追蹤的項目：網站或行動應用程式，其中的帳戶名稱、網站名稱及網址都是必須填寫的項目。請在下圖中先填入帳戶名稱：

接著將網頁的頁面往下移動，再按「下一步」鈕：

此處點選「網頁」評估您的網站，再按「下一步」鈕：

網路大神的 SEO 數據分析神器──Google Analytics

步驟 3：再於下圖的「資源設定」處填入網站名稱及網站網址。

步驟 4：按下「建立」鈕後，請勾選 Google Analytics（分析）服務條款，並按「我接受」鈕。

步驟 5：接著就可以產生追蹤 ID，請將下圖中的 Google Analytics（分析）追蹤程式碼複製下來。

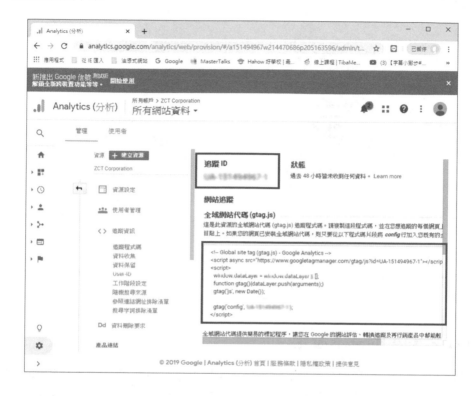

步驟 6：請把這段程式碼放到要進行追蹤網站的頁面中，作法是將剛才複製的程式碼貼在要追蹤網站的原始程式碼的 **</head>** 前，如下圖所示，如此一來就完成追蹤該網頁的設定工作。

```
<!-- Global site tag (gtag.js) - Google Analytics -->
<script async src="https://www.googletagmanager.com/gtag/js?id=UA-151494967-1"></script>
<script>
 window.dataLayer = window.dataLayer || [];
 function gtag(){dataLayer.push(arguments);}
 gtag('js', new Date());

 gtag('config', UA-151494967-1);
</script>
</head>
```

步驟 7：過些時間的收集後，各位就可以在 Google Analytics（分析）查看網站流量、訪客來源…等訪客在網站上的活動統計資訊。

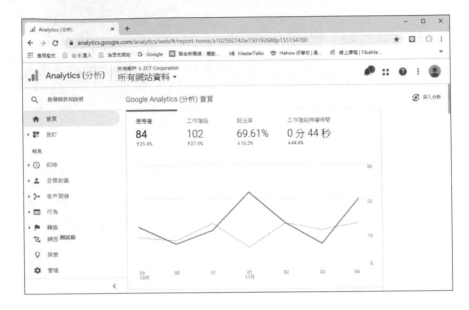

7-1-2　GA 的基本設定

接著將簡單介紹如何進行帳戶名稱的修正及如何查看追蹤 ID 及追蹤程式碼的內容，這些功能設定被安排在 GA 左下角的「管理」功能。

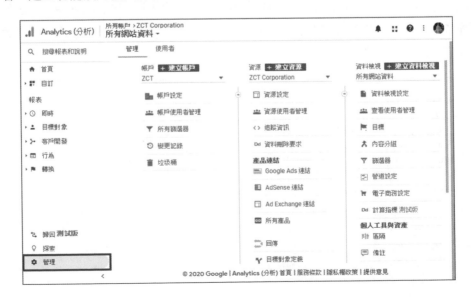

如果要進行帳戶名稱的修改，則請於上圖中按下「帳戶設定」鈕，會出現如下圖的帳戶設定視窗外觀，各位可以在此修改帳戶名稱及進行資料共用的設定，我們知道使用 Google Analytics 所收集、處理和儲存的資料，Google Analytics 將會以安全隱密的方式保管。此處的資料共用選項可讓您進一步掌控資料的共用方式。

如果要查看追蹤 ID 及追蹤程式碼的內容，則請於「管理」頁面中的「資源」設定區段的「追蹤資訊」底下的「追蹤程式碼」，如下圖所示：

按下「追蹤程式碼」就可以看到自己的追蹤 ID 及此資源的全域網站代碼（gtag.js）追蹤程式碼。各位只要複製這段程式碼，並在您想追蹤的每一個網頁上，於 <HEAD> 中當作第一個項目貼上。

7-2 GA 常見功能與專有名詞

Google Analytics 的功能主要有資料收集與資料分析兩大功能，其中資料收集工作除了有必要了解資料收集的運作原理外，對於資料收集的基本設定，也會影響 Google Analytics 收集資料的運作方式。至於資料分析也是網站分析師必備的另一項技能。我們可以在 Google Analytics 中選擇檢視所需的報表，也可以在報表中自訂各種類型的圖表，諸如橫條圖、區域圖、訪客分佈圖…等。下圖則是報表類型為「訪客分佈圖」的設定。

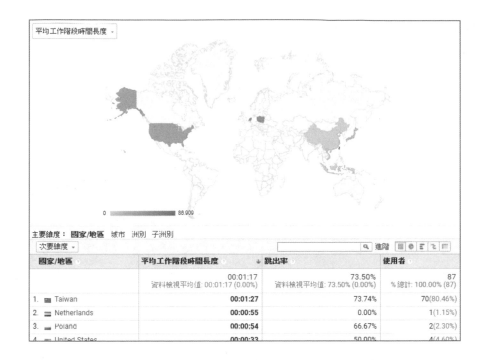

例如當準備解讀 Google Analytics 資料之前，請先設定好所要設定的「目標」報表，這可以讓各位在最短時間內了解自己所需要的後台數據，才能真正找出藏在數據背後的問題，讓你的行銷成本花在刀口上。

首先我們先來看如何搜尋報表，例如可以在 Google Analytics 左側看到「搜尋報表及說明」，這個地方可以輸入所要搜尋的關鍵字，網頁就會列出與該關鍵字相關的報表，輸入「流量」，可以輕易查詢出與「流量」有關的報表種類：

當各點選上圖中「流量來源」，就可以馬上看到流量來源的報表功能說明，如下圖所示：

在 Google Analytics 首頁的左側功能區有一個「自訂」可以讓各位輕鬆製作打造出一張客製化最符合你需求的數據報表：

接下來在各位使用 Google Analytics 分析之前，首先要了解幾個經常出現的專有名詞，這樣對於 GA 的運用上相信會更加左右逢源。

7-2-1 維度與指標

Google Analytics 中呈現的報表都是由「維度」和「指標」來標示，以及兩者比對後的圖形化資料所構成，各位要看懂 Google Analytics 的報表就要先理解每個

維度與指標代表的意義。Google Analytics 報表中所有的可觀察項目都稱為「維度」，例如訪客的特徵：這位訪客是來自哪一個國家 / 地區，或是這位訪客是使用哪一種語言等等。

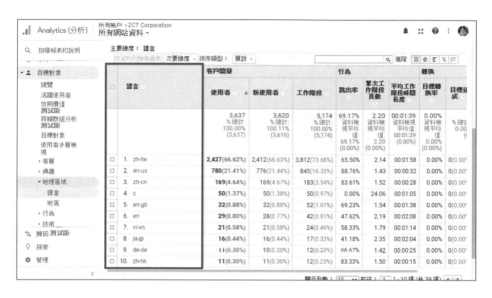

通常除了「主要維度」外，也可以進一步設定「次要維度」，例如不同語言維度中，又過濾出使用不同的作業系統，如下圖所示：

至於「指標」就是觀察項目量化後的數據，也就是是進一步觀察該訪客的相關細節，這是資料的量化評估方式。舉例來說，「語言」維度可連結「使用者」等指標，在報表中就可以觀察到特定語言所有使用者人數的總計值或比率。又例如在「來源 / 媒介」的維度中可以細節觀察的指標相當多，例如使用者、新使用者、工作階段、跳出率、目標轉換率、畫面瀏覽量、單次工作階段頁數和平均工作階段時間長度…等，如下圖所示：

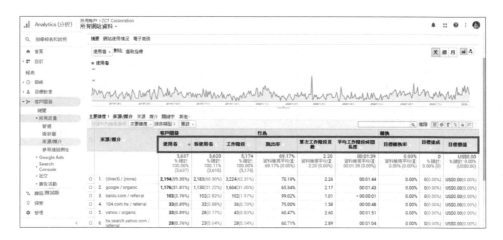

報表是以維度來區分出訪客的特徵，再細項進去觀察各種不同的指標情況，在 Google Analytics 中提供許多種維度與指標供各位選用，並可以組合出所想要觀察的報表，我們將針對幾個較常使用的指標為各位進行介紹。

7-2-2 工作階段

工作階段所代表的意義是指定的一段時間範圍內在網站上發生的多項使用者互動事件；舉例來說，一個工作階段可能包含多個網頁瀏覽、滑鼠點擊事件、社群媒體連結和金流交易。當一個工作階段的結束，可能就代表另一個工作階段的開始，一位使用者也可開啟多個工作階段。

這些工作階段可能在同一天內發生，也可以分散在一段時間區間中。工作階段的結束方式有兩種：一種是根據時間決定何時結束，例如：閒置 30 分鐘後或當天午夜後就結束前一個工作階段，並進入另一個新的工作階段。預設，一個工作階段會在閒置 30 分鐘後結束，但您可以調整閒置時間的長度，短至數秒、長

至數小時都可以。我們可以在「管理 / 資源」底下設定工作階段逾時的時間設定：

另一種工作階段結束的方式則是變更廣告活動，使用者透過某廣告活動連到網站，然後在離開之後又經由另一個廣告活動回到該網站。舉例來說，如果在進行網頁的瀏覽過程，如果看到一個新的廣告活動，這種情況下就會結束舊的工作階段，並重新開始計算為一個新的工作階段，即使這個網頁互動沒有超過工作階段逾時的時間設定預設值 30 分，只要廣告活動的來源不同，就會造成兩個工作階段。這裡要特別補充說明的是 Google Analytics 預設會在晚上 11:59:59 秒讓所有工作階段逾時，並開始新的工作階段，也就是說，如果使用者的瀏覽行為跨午夜，就會被計算為兩個工作階段。

7-2-3 平均工作階段時間長度

「平均工作階段時間長度」是指所有工作階段的總時間長度（秒）除以工作階段總數所求得的數值。在計算平均工作階段時間長度時，Google Analytics 會自行加總指定日期範圍內每一個工作階段的時間長度，然後再除以工作階段總數。例如：

- 總工作階段時間長度：500 分鐘（30,000 秒）
- 工作階段總數：20
- 平均工作階段時間長度：500 /20 = 25 分鐘（1500 秒）

在「客戶開發 > 所有流量 > 來源 / 媒介」的報表中就可以看到「平均工作階段時間長度」指標：

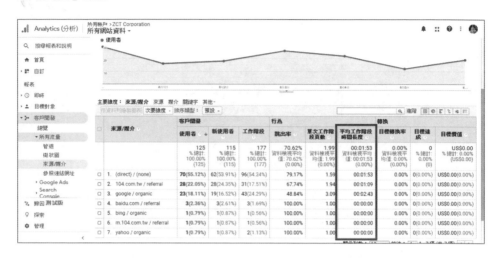

7-2-4 使用者

使用者指標是用來識別使用者的方式，所謂使用者通常指同一個人，「使用者」指標會顯示與所追蹤的網站互動的使用者人數。例如如果使用者 A 使用「同一部電腦的相同瀏覽器」在一個禮拜內拜訪了網站 5 次，並造成了 12 次工作階段，這種情況就會被 Google Analytics 紀錄為 1 位使用者、12 次工作階段。Google Analytics 之所以能判斷出是同一位使用者，主要原因是當這位使用者第一次造訪網站時，Google Analytics 所獨有的追蹤技術就會在使用者的瀏覽器中寫入一組 Cookie，這組 Cookie 所記錄的資訊中包括了能夠代表使用者的一組編號，藉由「使用者編號」是否相同就可以判斷出是否為同一位使用者。

當下次同一組相同「使用者編號」的使用者造訪網站所造成的工作階段，在 Google Analytics 就會認定為同一位使用者。下圖中筆者以 Google Chrome 瀏覽器為例，就可以在 Google Chrome 瀏覽器的「設定」頁面的 Cookie 資料裡找到被 Google Analytics 追蹤程式碼寫入瀏覽器 Cookie 中的使用者編號。

各位如果有稍微留意，應該有注意到我們刻意強調「同一部電腦的相同瀏覽器」，這是因為如果使用不同的瀏覽器或使用不同裝置的瀏覽器，因為 Cookie 是被儲存在瀏覽器中，因此對 Google Analytics 而言，如果在第二次以後的網站造訪是改用不同的裝置或瀏覽器，就會被重新分配一組使用者編號，這種情況下就會被 Google Analytics 判定為不同的使用者。

7-2-5 到達網頁 / 離開網頁

到達網頁是指使用者拜訪網站的第一個網頁，這一個網頁不一定是該網站的首頁，只要是網站內所有的網頁都可能是到達網頁。而離開網頁是指於使用者工作階段中最後一個瀏覽的網頁。例如我們在一個工作階段中瀏覽了 4 個網頁，如下所示：

網頁1>網頁2>網頁3>網頁4>離開

則網頁 1 為到達網頁，網頁 4 為離開網頁。

7-2-6 跳出率

所謂「跳出」是指使用者進入到所追蹤的網站，但並沒有再造訪網站中其它的網頁就離開網站，也就是說只造訪一個網頁就離開網站，「跳出率」的計算方式

網路大神的 SEO 數據分析神器——Google Analytics

就是只拜訪一個網頁就跳出網站所占的比例。又或可以是在您網站上的所有工作階段中，使用者只瀏覽一個網頁所占的百分比。從觀察網站中所有網頁跳出率的高低就可以判定哪些網頁有優化改善的空間。至於有哪些報表可以讓網站管理者來了解各個層面的跳出率，例如：「目標對象總覽」報表提供您網站的整體跳出率。

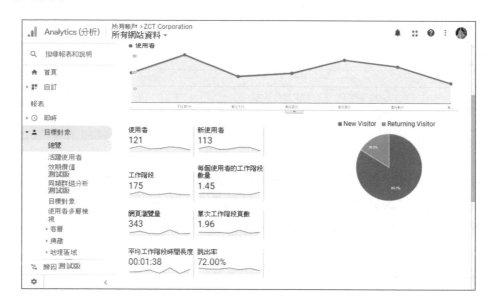

另外在「所有網頁」報表提供每一個網頁的跳出率。

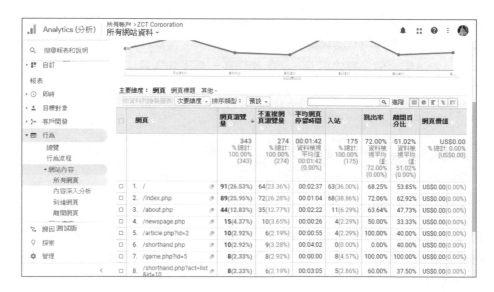

又例如「管道」報表提供每一個管道分組的跳出率。「所有流量」報表提供每一個來源／媒介組合的跳出率。如果您的整體跳出率偏高，就必須仔細找出到底是哪幾個網頁或哪幾個管道有這種現象，如此才可以對症下藥，針對需要優化改善的網頁或管道著手改進，以降低跳出率。

7-2-7 離開率

離開率是指使用者瀏覽網站的過程中，訪客離開網站的最終網頁的機率。也就是說，離開率是計算網站多個網頁中的每一個網頁是訪客離開這個網站的最後一個網頁的比率。或是可以說「離開率」是網頁成為工作階段中「最後」的百分比。

如果想進一步比較某個網頁「離開率」與「跳出率」的不同，我們可以用一個簡單的例子來說明最後一點。假設您的網站有網頁 1 到 4，每天只有一個工作階段，探討網站上每天都只有單一工作階段的連續幾天內，「離開率」和「跳出率」指標的意義。

4月1日：網頁1>網頁2>網頁3>網頁4>離開

4月2日：網頁4>離開

4月3日：網頁1>網頁3>網頁4>網頁2>離開

4月4日：網頁4>網頁3>離開

4月5日：網頁2>網頁4>網頁3>網頁1>離開

「離開百分比」和「跳出率」的計算如下：

離開率：

網頁1：33%（有3個工作階段包含網頁1，有1個工作階段從網頁1離開）

網頁2：33%（有3個工作階段包含網頁2，有1個工作階段從網頁2離開）

網頁3：25%（有4個工作階段包含網頁3，有1個工作階段從網頁3離開）

網頁4：50%（有5個工作階段包含網頁4，有2個工作階段從網頁4離開）

跳出率：

網頁1：0%（有2個工作階段由網頁1開始，但沒有單頁工作階段，因此沒有「跳出率」）

網頁2：0%（有1個工作階段由網頁2開始，但沒有單頁工作階段，因此沒有「跳出率」）

網頁3：0%（有0個工作階段由網頁3開始）

網頁4：50%（有2個工作階段由網頁4開始，但有一個單頁跳離，因此「跳出率」為50%）

7-2-8 目標轉換率

目標轉換率就是將轉換目標的各個階段區分清楚，計算每一個階段從起始的用戶數到達成目標用戶數的比例。例如我們設定進入購物車網頁為轉換目標時，如果來訪的訪客中有 1,000 訪客，但其中會有 250 位訪客會進入購物車網站，則我們可以稱目標轉換率 25%。

7-2-9 瀏覽量 / 不重複瀏覽量

網頁瀏覽量是指在瀏覽器中載入某個網頁的次數，如果使用者在進入網頁後按下重新載入按鈕，就算是另一次網頁瀏覽。簡單來說就是瀏覽的總網頁數。如果以 Google Analytics 所植入的追蹤程式碼的判斷原則，只要一進入網站的其中一個網頁，瀏覽量的次數就會加 1，當使用者逛到其他網頁，又回訪之前的網頁，也會算成另一次網頁瀏覽。至於「不重複瀏覽量」（Unique Page View）是指同一位使用者在同一個工作階段中產生的網頁瀏覽，也代表該網頁獲得至少一次瀏覽的工作階段數（或稱拜訪次數）。

7-2-10 平均網頁停留時間

最後有關網頁停留時間的說明，在 Google Analytics 網站分析報表中有很多表格都會看到「平均網頁停留時間」這項指標，例如「行為 > 網站內容 > 內容深入分析」報表中就可以看到平均網頁停留時間相關數據。如下圖所示：

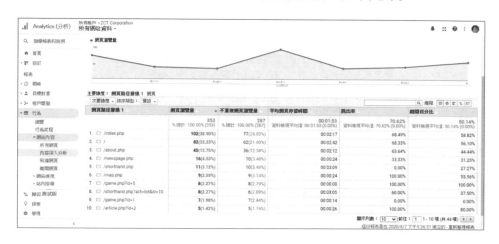

另外在 Google Analytics 說明中心也有提出平均停留時間計算公式如下：

- 總造訪停留時間：1000 分鐘
- 總造訪次數：100 次
- 平均造訪停留時間：1000/100 = 10 分鐘

7-3 認識常用報表

各位可以在 Google Analytics 左側看到各種報表分類，包括：「目標對象」、「客戶開發」、「行為」、「轉換」等，依據報表的特性，各位只要按幾下就能決定要查看的資料並自訂報表，每一種報表除了總覽功能外，還會細分出該報表分類下的不同細項報表，各位只要點選每一個頁面的最上方，就會有該頁使用說明或是影片的輔助說明，協助各位從網路行銷者的角度來看最重要的報表功能。

Google Analytics 在預設環境下提供超過 100 種報表，不同類型的報表分別提供不同的數據洞察力，包括：受眾分析、流量來源、使用者行為、使用者轉換數據等四個維度的數據，以提供各位使用者不同的洞察力。使用 Google Analytics 前，有必要摘要理解這些報表的意義，以下將摘要說明這四大類型報表的功能。

7-3-1 目標對象報表

目標對象報表的重點在於提供訪客的相關資訊，也是登入 Google Analytics 最先出現的預設報表。網路上我們並沒有辦法直接與訪客面對面接觸，除了個人資料外，目標對象報表能讓我們更清楚了解目標客群的特徵，目標對象所提供的資訊包括：訪客的所在地、訪客的性別、年齡層、興趣、訪客在網頁上的停留時間和瀏覽數、訪客使用的裝置、國家 / 地區、作業系統、行動裝置、平板，或是桌機等：

網路大神的 SEO 數據分析神器——Google Analytics

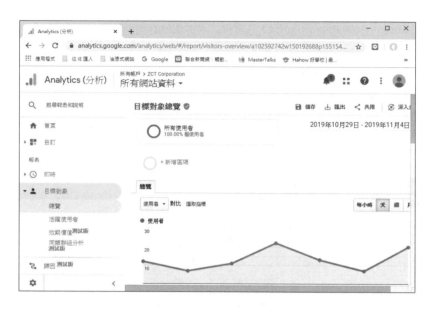

在「目標對象」底下的「行動裝置」報表可以看到訪客所使用的手機品牌、規格型號和作業系統、服務供應商、輸入選擇工具等等，可以做為行動版的開發規格與客群的相關參考依據：

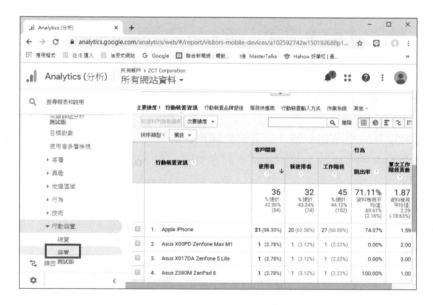

「效期價值」項目則可以評估訪客是從各種管道、來源、媒介所帶來的效期價值（Lifetime Value），最多可以查看 90 天的數據，並且快速比較不同類型流量價值，透過趨勢研究進而分析網站與行銷活動的經營現況。

另外「客層」和「興趣」項目提供了「總覽」報表,「客層」可以看到瀏覽訪客的網站的使用者的年齡區間、性別,「興趣」可以看到他們可能在 Google Cookie 中留下的資訊,「地理區域」可以看到瀏覽者所在的位置以及使用的語言等。

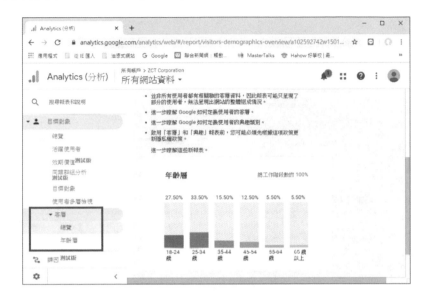

在「行為」項目可以清楚訪客與網站互動狀況,例如使用者是網站的新訪客或回訪者、這些訪客瀏覽你的網站頻率、回流頻率以及主動參與的程度,而在「技術」中可以看到訪客使用的瀏覽器、作業系統、螢幕解析度等資訊。

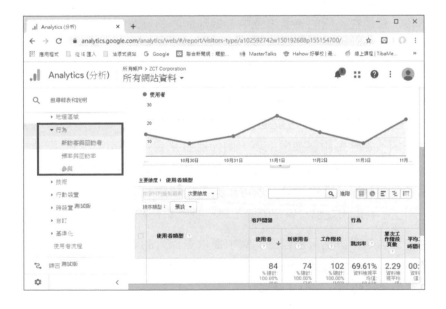

網路大神的 SEO 數據分析神器——Google Analytics

如果各位希望可以更清楚忠實訪客的行為，可以回到目標對象點開來的「使用者多層檢視」中，以不同的篩選條件篩選，找到該使用者的使用習慣和行為，例如交易次數最多、平均工作階段時間長度最長等：

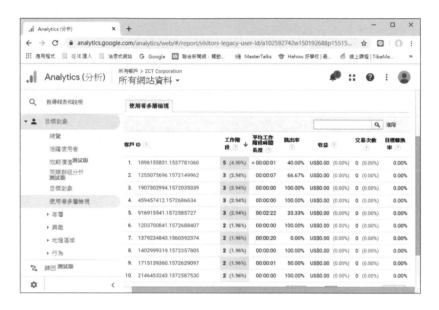

7-3-2 客戶開發報表

客戶開發報表的重點在於告訴你訪客的來源，可以了解不同來源的流量數據與工作階段，還能在不同的流量來源中，做到最好的資源配置，當然也能提供網站上最受歡迎的活動數據，分析行銷活動成效與執行行銷活動最佳化，跟「目標對象」下的「總覽」報表不同之處還可以進一步看到訪客做了什麼樣的搜尋。

「所有流量」項目中則可以看到管道、樹狀圖、來源／媒介、參照連結網址四個報表，「來源／媒介」項目可以進一步看到使用者進入管道的細節，流量來源將會以來源、媒介這兩個維度呈現。例如流量來自哪個網域、CPC 廣告造訪的流量、反向連結流量、瀏覽臉書時的文章或是透過自然搜尋的方式連上你的網站。當各位舉辦商品促銷活動，還可以交叉比較數個不同管道的活動宣傳或行銷成效，並能判斷出在那些特定管道，哪一種行銷活動的成效最好。

報表中的廣告活動詳情可依自己的需求提供更深入的資訊，例如顯示特定橫幅廣告的成效，或是追蹤到哪一封郵件最能吸引顧客瀏覽網頁、行銷郵件中有哪些連結客戶最感興趣，點擊率最高。

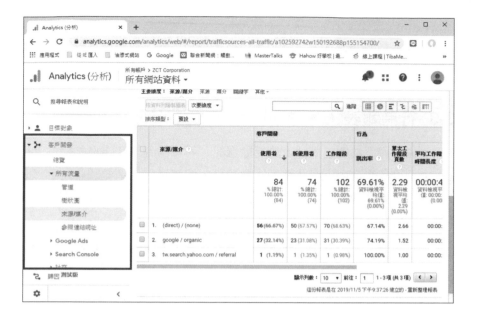

如果各位的網站有使用 Google 關鍵字廣告，還可以將 Google Adwords 帳戶與 Google Analytics 帳號連結起來，「Adwords」項目中可以看到訪客的點擊、廣告的花費、流量的工作階段以及不同關鍵字的流量。至於 Search Console 是一種搜尋的優化工具，可以檢測你的網站對於搜尋引擎的友好程度與熱門關鍵字。

「社交」項目內主要提供社群網站的流量資訊，有關社群活動的行為也會被記錄在這裡，例如 Facebook 帶給你的流量、按讚或分享數、討論情況等等，可以做為各個社群平台的資料分析工具。

7-3-3　行為報表

行為報表主要觀察訪客在網站上的活動資訊，可以看到訪客在你的網站上行為流程，方便瞭解網站內容跟訪客的互動關係，細節還包括瀏覽哪些內容、是否第一次造訪、重複瀏覽的訪客、網頁內容分析、讀取網站的速度、最常被瀏覽的頁面、使用者連結的管道、瀏覽網站頻率、回流的頻率等。

例如「網站內容」可以看出哪些是網站中最受歡迎的內容與平均停留時間、跳出率等互動指標。「網站速度」可以看到在人們常看的網頁中，哪些網頁的載入時間太慢，網頁的操作時間及使用者的平均網頁載入時間的速度建議。

透過「站內搜尋」觀察，則可以更理解訪客的需求與意向，例如對哪些主題有興趣？哪些主題的關鍵字比較熱門？或對那些操作或產品想進一步了解，哪些是熱門搜尋的關鍵字等，也能日後藉此優化站內搜尋的功能，透過這些資訊，可以協助找出是什麼原因讓網頁載入的時間過長，來幫助各位對不同的網頁內容進行優化的工作。

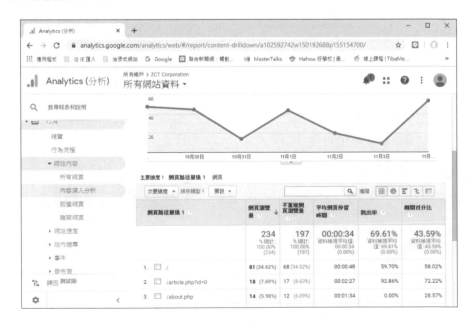

7-3-4 轉換報表

轉換報表主要告訴各位哪些訪客有可能成為潛在客戶或消費顧客，能幫助你做好轉換優化（Conversion Rate Optimization，CRO）的工作，轉換率（Conversion Rate）就是將這些轉換訪客的比例算出來，CRO 則是藉由讓網站內容優化來提高轉換率，達到以最低的成本得到最高的投資報酬率。

例如轉換報表中「電子商務」會提供產品業績、銷售業績、交易次數等資訊，除了電子商務報表外，在轉換報表分類下也另外收錄「多管道程序」以及「歸因」兩項報表。「多管道程序」會顯示造成轉換的行銷活動中有哪些重疊的部分與根據訪客造訪的來源觀察轉換情況，「歸因」是觀察訪客每次造訪所透過的來源，可藉由設定各個重疊的廣告活動帶來的實際金錢利益。

7-4 GA 標準報表組成與環境說明

Google Analytics 提供許多種類的報表外觀，但是大部分的標準報表的外觀會有一些固定的介面安排，本小節將以「管道」標準報表的介面為各位快速說一份標準報表的組成元素及基礎操作。請各位先開啟「客戶開發」底下的「所有流量」中的「管道」報表，會看到類似如下圖的報表外觀：

網路大神的 SEO 數據分析神器──Google Analytics

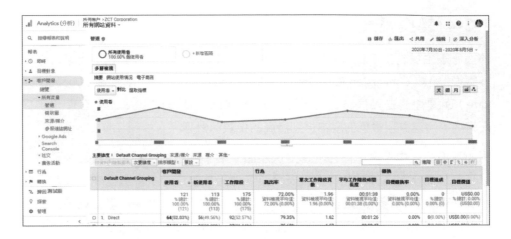

接著我們就來說明上述介面中各元件的功能說明。

◎ **○ 所有使用者**
   100.00% 個使用者

這個部分所顯示的資訊為取樣數據的狀況，也就是說它告訴使用者這份報表是否有被取樣？只要這裡顯的百分比數字不是 **100%**，就表示這份報表存在著取樣數據的問題。通常 Google Analytics 為了可以加速資料分析的工作，當網站分析的資料量如果非常大時，為了加速資料分析及降低分析過程所花費的時間及硬體資源的成本，有時可能只會取某一部份的樣本進行資料分析，儘管如此只要所取用的樣本數量足以代表這個大量的資料數據，所得到的分析結果也有相當程度的參考價值。

◎ **摘要　網站使用情況　電子商務**

這個部份可以讓使用者選取不同數據指標來進行報表的切換工作，以我們目前的報表為例，這份報表是「客戶開發」底下的「管道」報表，在「管道」報表內，就可以看到「網站使用情況」、「電子商務」…等不同的數據指標，當進入「管道」的預設報表就會摘要出客戶開發、行為、轉換等指標，如下圖所示：

	Default Channel Grouping	客戶開發			行為			轉換		
		使用者	↓ 新使用者	工作階段	跳出率	單次工作階段頁數	平均工作階段時間長度	目標轉換率	目標達成	目標價值
		121 % 總計： 100.00% (121)	113 % 總計： 100.00% (113)	175 % 總計： 100.00% (175)	72.00% 資料檢視平均值： 72.00% (0.00%)	1.96 資料檢視平均值： 1.96 (0.00%)	00:01:38 資料檢視平均值： 00:01:38 (0.00%)	0.00% 資料檢視平均值： 0.00% (0.00%)	0 % 總計： 0.00% (0)	US$0.00 % 總計：0.00% (US$0.00)
☐	1. Direct	64(52.03%)	56(49.56%)	92(52.57%)	79.35%	1.62	00:01:26	0.00%	0(0.00%)	US$0.00(0.00%)
☐	2. Referral	34(27.64%)	34(30.09%)	37(21.14%)	75.68%	1.57	00:00:47	0.00%	0(0.00%)	US$0.00(0.00%)
☐	3. Organic Search	25(20.33%)	23(20.35%)	46(26.29%)	54.35%	2.96	00:02:44	0.00%	0(0.00%)	US$0.00(0.00%)

但如果使用者切換到「網站使用情況」，報表上所觀察的指標也會有所更動，例如底下的指標已變更成「使用者」、「工作階段」、「單次工作階段頁數」、「平均工作階段時間」、「新工作階段百比分」、「跳出率」等指標，如下圖所示：

	Default Channel Grouping	使用者	↓ 工作階段	單次工作階段頁數	平均工作階段時間長度	新工作階段百分比	跳出率
		121 % 總計: 100.00% (121)	175 % 總計: 100.00% (175)	1.96 資料檢視平均值: 1.96 (0.00%)	00:01:38 資料檢視平均值: 00:01:38 (0.00%)	64.57% 資料檢視平均值: 64.57% (0.00%)	72.00% 資料檢視平均值: 72.00% (0.00%)
☐	1. Direct	64(52.03%)	92(52.57%)	1.62	00:01:26	60.87%	79.35%
☐	2. Referral	34(27.64%)	37(21.14%)	1.57	00:00:47	91.89%	75.68%
☐	3. Organic Search	25(20.33%)	46(26.29%)	2.96	00:02:44	50.00%	54.35%

◎ 使用者 ▾ 對比 選取指標

這個地方可供使用者選取在折線圖表上要以哪一種指標顯示，除了顯示單一指標外，各位也可以按下「對比」後面的「選取指標」，可以讓使用者再選取第二個指標，以方便使用者進行兩個指標間的關係變化的比對。

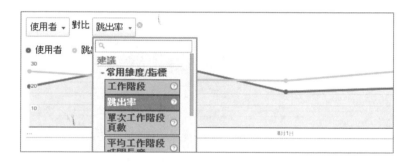

例如下圖就是「使用者」指標對比「跳出率」指標所呈現的折線圖表的外觀：

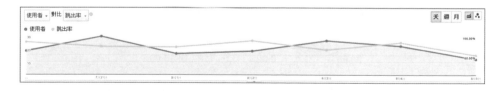

◎ 主要維度： Default Channel Grouping 來源/媒介 來源 媒介 其他 ▾
依資料列繪製圖表 次要維度 ▾ 排序類型： 預設 ▾

這個區塊可以選擇主要維度及次要維度，我們可以直接依照自己的需求切換到想要顯示維度的報表外觀，另外，不同類型的報表可允許切換的維度也會有所

網路大神的 SEO 數據分析神器──Google Analytics

不同，例如下圖就是本節解說的範例報表切換到「來源 / 媒介」指標的外觀，當切換到「來源 / 媒介」這個維度，各位就可以發現報表的維度也會更改為「來源 / 媒介」，如下圖所示：

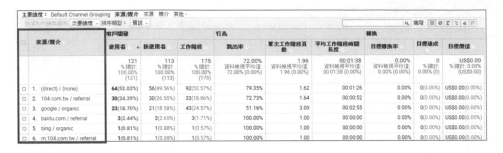

除了可以變更「主要維度」外，不同的報表也有各種類型的「次要維度」可供選擇，例如下圖的「主要維度」為「來源 / 媒介」，「次要維度」為「到達網頁」：

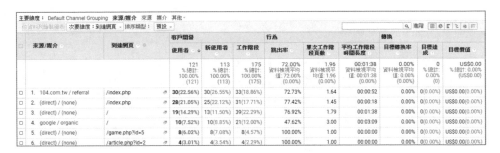

各位應該有注意到在每份報表右下角可以選擇這份報表一次顯示多少列，在沒有特別設定的情況下，Google Analytics 預設一次只能觀察 10 列，如果希望更改一次可以觀察更多的數列，可以參考下圖進行一次顯示多少列數的修改：

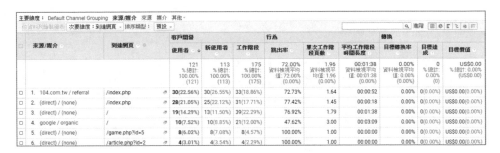

這個區塊主要與報表儲存、匯出、編輯與共用協作有關，其中儲存後報表可以在 Google Analytics 左側的導覽列的「已儲存報表」找到，而如果各位想將資料匯出到 Excel 或不同資料格式再進行更進一步的處理，就可以透過「匯出」的功能，目前 Google Analytics 支援的匯出格式如下圖所示：

其中 CSV 格式是一種常見的開放資料格式，不同的應用程式如果想要交換資料，必須透過通用的資料格式，CSV 格式就是其中一種，全名為 Comma-Separated Values，欄位之間以逗號 (,) 分隔，與 txt 檔一樣都是純文字檔案，可以用記事本等文字編輯器編輯。CSV 格式常用在試算表以及資料庫，像是 Excel 檔可以將資料匯出成 CSV 格式，也可以匯入 CSV 檔案編輯。網路上許多的開放資料（Open Data）通常也會提供使用者直接下載 CSV 格式資料，當您學會了 CSV 檔的處理之後，就可以將這些資料做更多的分析應用了。下圖就是一種 CSV 格式的外觀：

```
# -------------------------------------
# 所有網站資料
# 管道
# 20200730-20200805
# -------------------------------------
Default Channel Grouping,使用者,新使用者,工作階段,跳出率,單次工作階段頁數,平均工作階段時間長度,目標轉換率,目標達成,目標價值
Direct,64,56,92,79.35%,1.62,00:01:26,0.00%,0,US$0.00
Referral,34,34,37,75.68%,1.57,00:00:47,0.00%,0,US$0.00
Organic Search,25,23,46,54.35%,2.96,00:02:44,0.00%,0,US$0.00
,123,113,175,72.00%,1.96,00:01:38,0.00%,0,US$0.00

日索引,使用者
2020/7/30,18
2020/7/31,29
2020/8/1,16
2020/8/2,18
2020/8/3,26
2020/8/4,22
2020/8/5,12
,141
```

其中「共用」功能可以允許各位以電子郵件的方式寄送報表給公司相關人員查看報表所摘要的資訊重點，下圖中附件的選項可以選擇 PDF、Excel(XLSX)、CSV 三種格式：

而「編輯」功能可以將這份報表轉換成「自訂報表」，方便使用者可以更快速的方式建立自訂的報表。

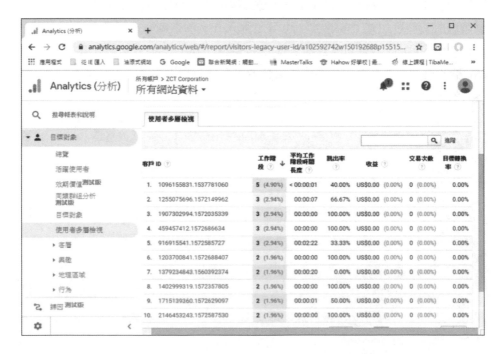

◎  2020年7月30日 - 2020年8月5日 ▾

這個區塊可以設定想要查看的時間區間，只要按下右側的下拉式三角形，就可以開啟如下的時間設定區塊，可讓各位設定日期範圍及想比較的時間區間。

除了查看某一日期範圍的報表資料外，也可以和另一個日期範圍進行比較，例如如果要與上一個時間進行比較，請記得先勾選「相較於」前面的核取方塊，就會在報表中的折線圖與資料表中同時列出這兩種日期範圍的資料數據，以利使用者進行彼此之間的比較，如下面二圖所示：

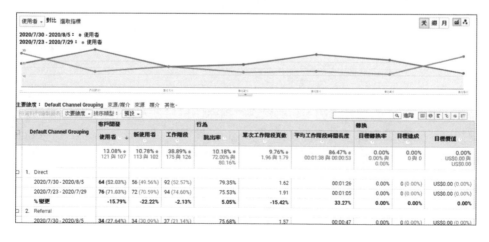

◎ 天 週 月

這個區塊可以圖表折線圖的表現方式以天或週或月其中一種方式來呈現，請參考下列三圖，分別為以天、週、月的圖表外觀變化：

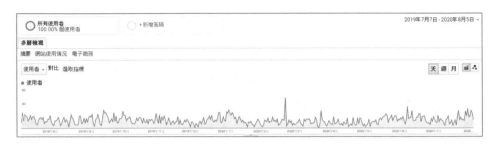

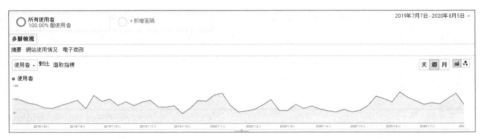

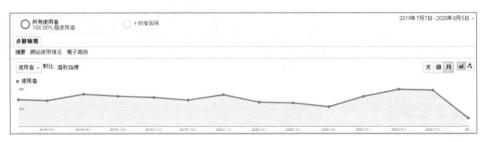

◎

這個區塊是報表的搜尋功能，它能根據所輸入的關鍵字進行報表內容的篩選，例如在下方的「來源」報表中輸入「google」關鍵字就會幫忙篩選出和 google 相關的來源，如下面二圖所示：

當搜尋到和 google 相關的來源，報表中只會列出和 google 有關的來源，如果要結束篩選回復到未篩選前的報表外觀，只要按一下輸入方塊右側的 ⊗ 鈕，就可以回復到未篩選前的報表外觀。

另外如果要進行進階的篩選功能，只要按下搜尋方塊右側的「進階」按鈕就會開啟如下圖的進階篩選的視窗，可以讓各位作更進階的搜尋：

舉例來說，如果排除「google」而且使用者人數要大於 30 人，則進階搜尋的操作步驟參考如下：

❶ 設定「排除」

| 排除 ▾ | 來源 | ▾ | 包含 ▾ | google | ◄ | ❷ 輸入「google」 |

且

+ 新增維度或指標 ◄─── ❸ 按「新增維度或指標」

網路大神的 SEO 數據分析神器—Google Analytics

❶ 設定數值 30

❷ 按「套用」鈕

❷ 按此關閉鈕可以將進階篩選器的功能關閉

❶ 出現進階搜尋篩選後的圖表內容

本章 Q&A 練習

1. 請簡介 Google Analytics（GA）。

2. 各位想要取得 Google Analytics 來幫忙分析網站流量與各種數據，需要哪三個步驟？

3. 當準備解讀 GA 資料之前，必須先設定好所要設定的哪一種報表？

4. 在「行動裝置」報表可以看到有哪些資訊？

5. 「客層」與「興趣」提供了哪些資訊？

6. 在「行為」項目可以清楚訪客與網站互動狀況，例如有哪些訊息？

7. 請簡介即時報表的功用。

8. 請簡述 GA 的運作原理。

9. 請問行為報表主要觀察？

10. 何謂目標轉換率？

第 **8** 章

ChatGPT 與 SEO 的
超強整合攻略

今年度科技界最火紅的話題絕對離不開 ChatGPT，首當其衝的便是社群行銷，目前網路、社群上對於 ChatGPT 的討論已經沸沸揚揚。ChatGPT 是由 OpenAI 所開發以生成式 AI 為基礎的免費聊天機器人，擁有強大的自然語言生成能力，可以根據上下文進行對話，並進行多種應用，包括客戶服務、銷售、產品行銷等，短短 2 個月全球用戶高達 1 億，超過抖音的用戶量。該技術是建立在深度學習（Deep Learning）和自然語言處理技術（Natural Language Processing, NLP）的基礎上，並利用開放式網絡的大量數據進行訓練，使其能夠產生高度精確、自然流暢的對話回應，與人進行交互。如下圖所示：

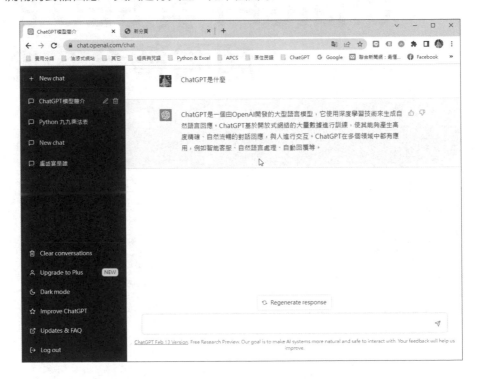

ChatGPT 能以一般人的對話方式與使用者互動，例如提供建議、寫作輔助、寫程式、寫文章、寫信、寫論文、劇本小說…等，而且所回答的內容有模有樣，除了可以給予各種問題的建議，也可以幫忙寫作業或程式碼，例如下列二圖的回答內容：

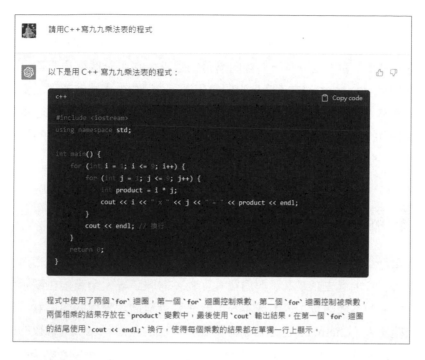

請用C++寫九九乘法表的程式

以下是用 C++ 寫九九乘法表的程式：

```c++
#include <iostream>
using namespace std;

int main() {
    for (int i = 1; i <= 9; i++) {
        for (int j = 1; j <= 9; j++) {
            int product = i * j;
            cout << i << " x " << j << " = " << product << endl;
        }
        cout << endl; // 換行
    }
    return 0;
}
```

程式中使用了兩個 `for` 迴圈，第一個 `for` 迴圈控制乘數，第二個 `for` 迴圈控制被乘數，兩個相乘的結果存放在 `product` 變數中，最後使用 `cout` 輸出結果。在第一個 `for` 迴圈的結尾使用 `cout << endl;` 換行，使得每個乘數的結果都在單獨一行上顯示。

然而 ChatGPT 的使用也取決於人類的使用心態，正確地使用 ChatGPT 可以創造不同的可能性，例如有些廣告主認為使用 AI 工具幫客戶做網路行銷企劃有「偷吃步」的嫌疑，但換個思考也能看成是產出過程中的助手，甚至可以讓行銷團隊的工作流程更順暢進行，達到意想不到的事半功倍效果。因為 ChatGPT 之所以

ChatGPT 與 SEO 的超強整合攻略

強大，是它背後難以數計的資料庫，任何食衣住行育樂的各種生活問題或學科都可以問 ChatGPT，而 ChatGPT 也會以類似人類會寫出來的文字，給予相當到位的回答，與 ChatGPT 互動是一種雙向學習的過程，在用戶獲得想要資訊內容文本的過程中，ChatGPT 也在不斷地吸收與學習。ChatGPT 用途非常廣泛多元，根據國外報導，很多 Amazon 上的店家和品牌紛紛利用 ChatGPT 在進行網路行銷時，為他們的產品生成吸引人的標題和尋找宣傳方法，進而與廣大的目標受眾產生共鳴，從而提高客戶參與度和轉換率。

8-1 認識聊天機器人

人工智慧行銷從本世紀以來，一直都是店家或品牌尋求擴大影響力和與客戶互動的強大工具，過去企業為了與消費者互動，需聘請專人全天候在電話或通訊平台前待命，不僅耗費了人力成本，也無法妥善地處理龐大的客戶量與資訊，而聊天機器人（Chatbot）已是目前許多店家客服的創意新玩法，背後的核心技術即是以自然語言處理中的 GPT（Generative Pre-Trained Transformer, GPT）模型為主，利用電腦模擬與使用者互動對話，採用由語音或文字進行交談的電腦程式，並讓用戶體驗像與真人一樣的對話。聊天機器人能夠全天候地提供即時服務，並可自設不同的流程來達到想要的目的，協助企業輕鬆獲取第一手消費者偏好資訊，有助於公司精準行銷、強化顧客體驗與個人化的服務，這對許多粉絲專頁的經營者或是想增加客戶名單的行銷人員來說相當適用。

▲ AI 電話客服也是自然語言的應用之一

圖片來源：https://www.digiwin.com/tw/blog/5/index/2578.html

Tips

電腦科學家通常將人類的語言稱為自然語言 NL（Natural Language），例如中文、英文、日文、韓文、泰文等，這也使得自然語言處理（Natural

Language Processing, NLP）範圍非常廣泛，所謂 NLP 就是讓電腦擁有理解人類語言的能力，亦即藉由大量的文本資料搭配音訊數據，並透過複雜的數學聲學模型（Acoustic Model）及演算法來讓機器去認知、理解、分類並運用人類日常語言的技術。

GPT 是「生成型預訓練變換模型（Generative Pre-trained Transformer）」的縮寫，是一種語言模型，可以執行非常複雜的任務，會根據輸入的問題自動生成答案，並具有編寫和除錯電腦程式的能力，如回覆問題、生成文章和程式碼，或者翻譯文章內容等。

8-1-1　聊天機器人的種類

以往店家或品牌進行行銷推廣時，必須大費周章取得用戶的電子郵件，不但耗費成本，而且郵件的開信率低，而聊天機器人的應用方式多元、效果容易展現，可以直觀且方便地透過互動貼標來收集消費者第一方數據，直接幫你獲取客戶的資料，例如：姓名、性別、年齡…等臉書所允許的公開資料，驅動更具效力的消費者回饋。

▲ 臉書的聊天機器人就是一種自然語言的典型應用

聊天機器人共有兩種主要類型：一種是以工作目的為導向，這類聊天機器人是專注於執行一項功能的單一用途程式，例如 LINE 的自動訊息回覆。

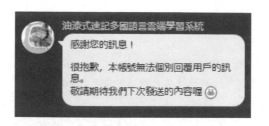

另外一種聊天機器人則是資料驅動的模式，能具備預測性的回答能力，例如 Apple 的 Siri。

至於在臉書粉絲專頁或 LINE 常見包含留言自動回覆、聊天或私訊互動等各種類型的機器人，也是可以利用 NLP 分析方式進行打造，亦即聊天機器人是一種自動的問答系統，它會模仿人的語言習慣，也可以和你「正常聊天」，就像人與人的聊天互動，而 NLP 方式可讓聊天機器人根據訪客輸入的留言或私訊，以自動回覆的方式與訪客進行對話，也會成為企業豐富消費者體驗的強大工具。

8-2 ChatGPT 初體驗

從技術的角度來看，ChatGPT 是根據從網路上獲取的大量文本樣本進行機器人工智慧的訓練，與一般聊天機器人的相異之處，在於 ChatGPT 有豐富的知識庫，以及強大的自然語言處理能力，使得 ChatGPT 能夠充分理解並自然地回應訊息。國外許多專家都一致認為 ChatGPT 聊天機器人比 Apple Siri 語音助理或 Google 助理更聰明，當用戶不斷以問答的方式和 ChatGPT 進行互動對話，聊天機器人就會根據問題進行相對應的回答，並提升這個 AI 的邏輯與智慧。

登入 ChatGPT 網站註冊的過程雖然是全英文介面，但是註冊後在與 ChatGPT 聊天機器人互動發問時，是可以使用中文來輸入，而獲得回答內容的專業性也不失水平，甚至不亞於人類的回答內容。

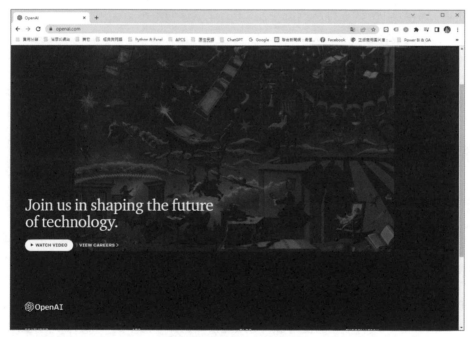

▲ OpenAI 官網：https://openai.com/

目前 ChatGPT 可以辨識中文、英文、日文或西班牙等多國語言，透過人性化的回應方式來回答各種問題，包括各類專業技術領域或學科的問題，可以說是樣樣精通的百科全書，不過 ChatGPT 的資料來源並非 100% 正確，為了得到更準確的答案，當詢問 ChatGPT 時，應避免使用模糊的詞語或縮寫。「問對問題」不僅

能夠幫助用戶獲得更好的回答，ChatGPT 也會藉此不斷精進優化，AI 工具的魅力就在於它的學習能力及彈性，尤其目前的 ChatGPT 版本已經可以累積與儲存學習紀錄。切記！清晰具體的提問才是與 ChatGPT 的最佳互動。如果想要知道更多的內容，除了提供夠多的訊息外，就是具備足夠的細節和上下文。

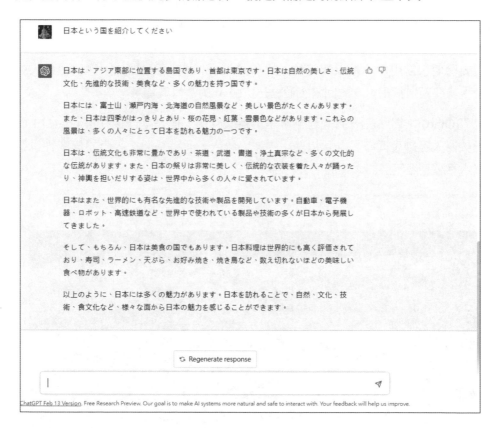

8-2-1 註冊免費 ChatGPT 帳號

首先示範如何註冊免費的 ChatGPT 帳號，請先至 ChatGPT 官網（https://chat.openai.com/），沒有帳號的使用者，可以直接點選如下圖中的「Sign up」按鈕以註冊免費的 ChatGPT 帳號：

接著輸入 Email，或透過已有的 Google 帳號、Microsoft 帳號進行註冊登入。此處我們以輸入 Email 的方式來建立帳號，如下圖所示，請在文字輸入方塊中輸入要註冊的電子郵件，輸入完畢後，按下「Continue」鈕。

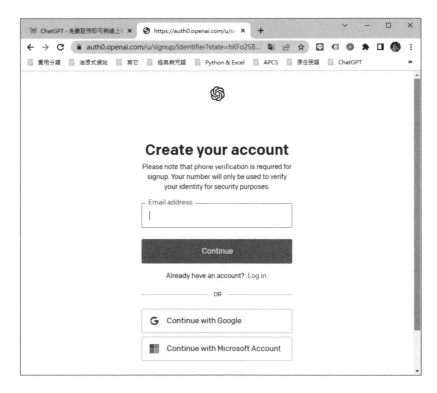

接著系統會要求輸入一組至少 8 個字元的密碼作為這個帳號的註冊密碼。

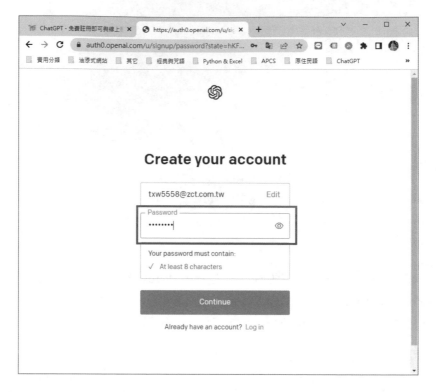

接著按下「Continue」鈕，會出現如下圖的「Verify your email」的視窗。

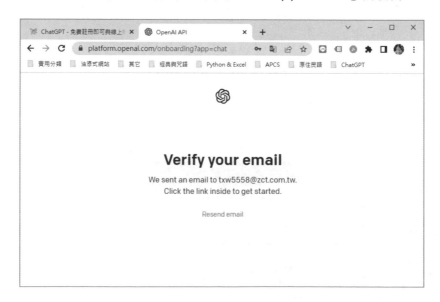

接著請打開自己收發郵件的程式，將收到如下圖的「Verify your email address」的電子郵件。請按下「Verify email address」鈕：

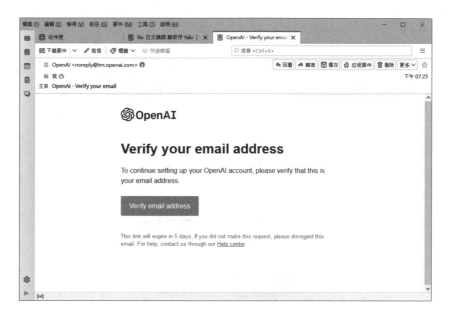

接著進入到輸入姓名的步驟。請注意，如果你是透過 Google 帳號或 Microsoft 帳號快速註冊登入，則會直接進入到輸入姓名的畫面：

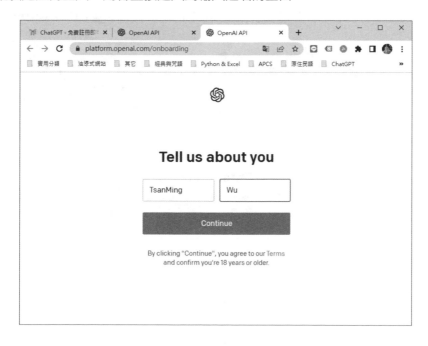

ChatGPT 與 SEO 的超強整合攻略

輸入完姓名後，再按下「Continue」鈕，即會要求輸入你個人的電話號碼進行身分驗證，這是非常重要的步驟，因為沒有通過身分驗證就無法使用 ChatGPT。請注意，輸入行動電話時，請直接輸入行動電話後面的數字，例如你的電話是「0931222888」，只要輸入「931222888」即可，輸入完畢後，按下「Send code」鈕。

幾秒鐘後將會收到官方系統發送到指定號碼的簡訊，該簡訊會顯示 6 碼的數字。

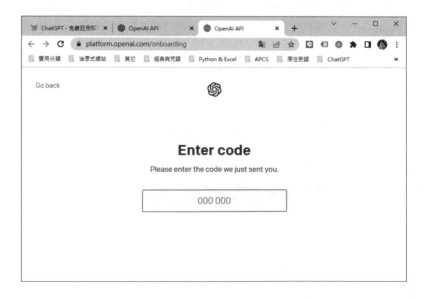

待輸入手機所收到的 6 碼驗證碼後，就可以正式啟用 ChatGPT。登入 ChatGPT 之後，會看到如下圖的畫面，當中可以找到許多和 ChatGPT 進行對話的真實例子，也可以了解使用 ChatGPT 有哪些限制。

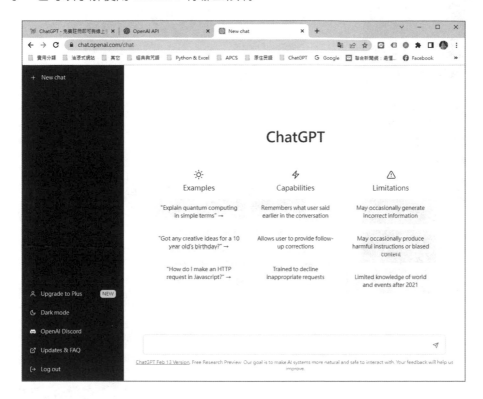

8-2-2　更換新的機器人

你可以藉由問答的方式，持續地和 ChatGPT 對話。而若想要結束這個機器人，可以點選左側的「New chat」，即會重新回到起始畫面，並開啟新的訓練模型，此時輸入同一個題目，得到的結果可能會不一樣。

ChatGPT 與 SEO 的超強整合攻略

如下圖所示，輸入「請用 Python 寫九九乘法表的程式」，按下「Enter」鍵向 ChatGPT 機器人詢問，就可以得到不同的回答結果：

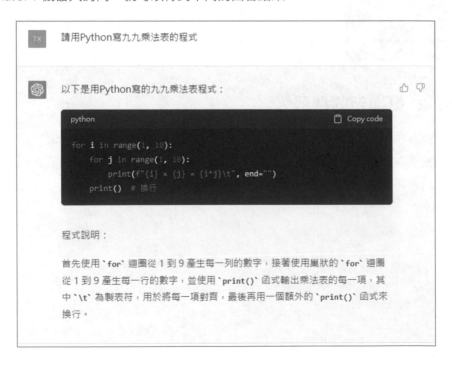

若要取得這支程式碼，可以按下回答視窗右上角的「Copy code」鈕，即可將 ChatGPT 所幫忙撰寫的程式，複製貼上到 Python 的 IDLE 程式碼編輯器，如下圖所示為此一新的程式在 Python 的執行結果。

```
Python 3.11.0 (main, Oct 24 2022, 18:26:48) [MSC v.1933 64 bit (AMD64)] on win32
Type "help", "copyright", "credits" or "license()" for more information.
========== RESTART: C:/Users/User/Desktop/博碩_CGPT/範例檔/99table-1.py ==========
1 x 1 = 1      1 x 2 = 2      1 x 3 = 3      1 x 4 = 4      1 x 5 = 5      1 x 6 = 6      1 x 7 = 7      1 x 8 = 8      1 x 9 = 9
2 x 1 = 2      2 x 2 = 4      2 x 3 = 6      2 x 4 = 8      2 x 5 = 10     2 x 6 = 12     2 x 7 = 14     2 x 8 = 16     2 x 9 = 18
3 x 1 = 3      3 x 2 = 6      3 x 3 = 9      3 x 4 = 12     3 x 5 = 15     3 x 6 = 18     3 x 7 = 21     3 x 8 = 24     3 x 9 = 27
4 x 1 = 4      4 x 2 = 8      4 x 3 = 12     4 x 4 = 16     4 x 5 = 20     4 x 6 = 24     4 x 7 = 28     4 x 8 = 32     4 x 9 = 36
5 x 1 = 5      5 x 2 = 10     5 x 3 = 15     5 x 4 = 20     5 x 5 = 25     5 x 6 = 30     5 x 7 = 35     5 x 8 = 40     5 x 9 = 45
6 x 1 = 6      6 x 2 = 12     6 x 3 = 18     6 x 4 = 24     6 x 5 = 30     6 x 6 = 36     6 x 7 = 42     6 x 8 = 48     6 x 9 = 54
7 x 1 = 7      7 x 2 = 14     7 x 3 = 21     7 x 4 = 28     7 x 5 = 35     7 x 6 = 42     7 x 7 = 49     7 x 8 = 56     7 x 9 = 63
8 x 1 = 8      8 x 2 = 16     8 x 3 = 24     8 x 4 = 32     8 x 5 = 40     8 x 6 = 48     8 x 7 = 56     8 x 8 = 64     8 x 9 = 72
9 x 1 = 9      9 x 2 = 18     9 x 3 = 27     9 x 4 = 36     9 x 5 = 45     9 x 6 = 54     9 x 7 = 63     9 x 8 = 72     9 x 9 = 81
```

其實也可以透過同一個機器人不斷地向他提問同一個問題，他會根據前面所提供的問題與回答，轉換另一種角度與方式來回應你原本的問題，就可以得到不同的回答結果，例如下圖即是另外一種九九乘法表的輸出外觀：

以下是使用Python實現九九乘法表的程式：

```python
for i in range(1, 10):
    for j in range(1, i+1):
        print("{}*{}={}".format(j, i, i*j), end="\t")
    print()
```

程式的執行結果為：

```markdown
1*1=1
1*2=2   2*2=4
1*3=3   2*3=6   3*3=9
1*4=4   2*4=8   3*4=12  4*4=16
1*5=5   2*5=10  3*5=15  4*5=20  5*5=25
1*6=6   2*6=12  3*6=18  4*6=24  5*6=30  6*6=36
1*7=7   2*7=14  3*7=21  4*7=28  5*7=35  6*7=42  7*7=49
1*8=8   2*8=16  3*8=24  4*8=32  5*8=40  6*8=48  7*8=56  8*8=64
1*9=9   2*9=18  3*9=27  4*9=36  5*9=45  6*9=54  7*9=63  8*9=72  9*9=81
```

這段程式使用了兩個for迴圈，第一個迴圈控制九九乘法表的列數，從1到9；第二個迴圈控制每列中的項目，從1到當前列數。程式使用了 `print` 函式來輸出每個乘法表的項目，並使用 `\t` 作為每個項目之間的分隔符號，以使得輸出的表格整齊。

8-3 ChatGPT 在行銷領域的應用

ChatGPT 是目前科技整合的極致，繼承了幾十年來資訊科技的精華。在生成式 AI 蓬勃發展的階段，ChatGPT 擁有強大的自然語言生成及學習能力，更具備強大的資訊彙整功能，任何問題都可以尋找適當的工具協助，加入自己的日常生活中，並且快速得到解答。當今沒有一個品牌會忽視數位行銷的威力，而 ChatGPT 更是對電商文案撰寫有極大幫助，可用於品牌官網或社群媒體，成為眾多媒體創造聲量的武器，產製出更多優質內容、線上客服、智慧推薦、商品詢價等服務，ChatGPT 正以各種方式快速融入我們的日常生活與數位行銷領域，也逐漸讓許多廣告主有追逐流量的壓力，大幅提升行銷效果和用戶體驗。以下先為各位介紹目前耳熟能詳的應用範圍：

▲ 緯創資通推出 ChatGPT 客服機器人

◎ AI 客服

ChatGPT 在客服行業具有非常大的應用潛力，品牌商家可以使用 ChatGPT 開發聊天機器人，對於知名企業或品牌，ChatGPT 可以擔任自動客服機器人，藉以回答

常見的客戶問題，並提供有關購買、退貨和其他查詢的服務，達到節省成本來創造網路行銷機會以優化客戶體驗，協助行銷與客服人員提供更加自然且精準的回覆，能有效引導消費者完成購買流程，提高客戶關係管理的效率（CRM），使業績提升成交量，也建立起消費者資料庫，利於日後推播個人化廣告與產品。雖然 ChatGPT 可以成為有價值的附加工具，但不應將其完全作為客製化客戶服務的替代品，畢竟相比 ChatGPT 客觀理性的冰冷回答，真實人員服務能針對「顧客的需求」展現具有溫度的同理與貼心，是 AI 客服無法完全取代真人的關鍵。

◎ 語言翻譯

ChatGPT 可以幫助我們進行不同語言之間的翻譯，對於需要大量人工翻譯的跨境電商產業而言，ChatGPT 可以應用於語系翻譯和自動調整產品描述與說明，正確率也比一般人常用的 Google 翻譯高上許多，使得不同語言之間的溝通變得更加容易和順暢，並且大大減少翻譯人力成本，為用戶帶來更好的閱讀體驗。

 Please introduce U.S.A.

 The United States of America, commonly referred to as the United States or the USA, is a federal republic composed of 50 states, a federal district (Washington, D.C.), five major self-governing territories, and various possessions. It is the third largest country in the world by land area and the third most populous country, with a population of over 331 million people.

The USA is a highly developed country with a diversified economy and is considered to be one of the most powerful countries in the world. Its economy is the largest in the world, with a highly developed service sector, a large manufacturing base, and abundant natural resources. The USA is a founding member of the United Nations, World Bank, International Monetary Fund, and World Trade Organization.

The country is known for its cultural diversity, with a population composed of people from all over the world. The USA is also home to many iconic landmarks and destinations, such as the Statue of Liberty, the Grand Canyon, Hollywood, the Golden Gate Bridge, and the White House, among others. Its diverse and influential popular culture has had a major impact on the world, with American music, movies, and TV shows being popular across the globe.

The USA is a constitutional federal democracy, with a government composed of three branches: the executive, legislative, and judicial branches. The country has a long history of political and social activism, including movements for civil rights, women's rights, LGBTQ rights, and environmentalism.

如上圖所示，只要輸入類似「請將我剛才問的問題的英文的回答內容翻譯成中文」，ChatGPT 就會將上圖中的英文回答內容翻譯成中文，請參考下圖：

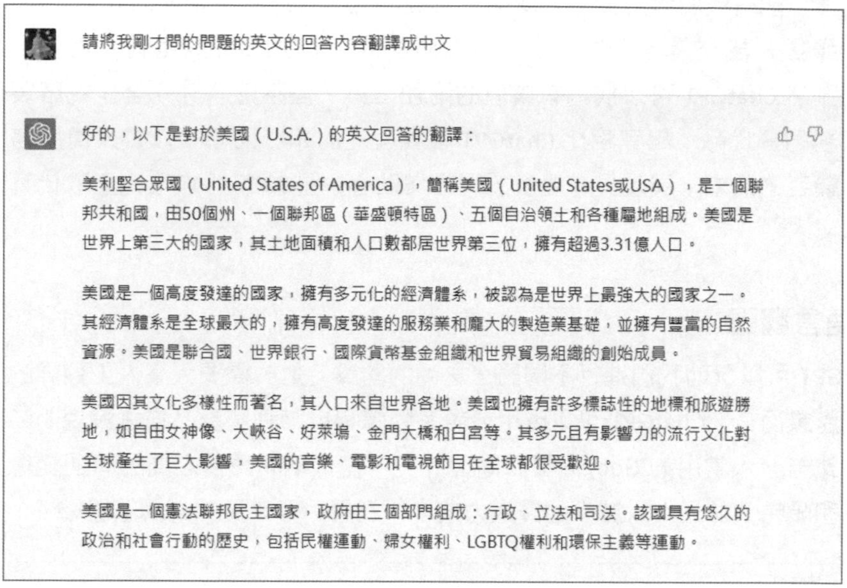

◎ 行銷內容創作

隨著 AI 技術的提升，文字和影像已可透過 AI 產生，由於網路行銷的模式愈來愈多，為了提高消費者體驗，店家必須對商品訊息做出清晰明確的描述，使得快速產出素材與文案的壓力愈來愈大，由於 ChatGPT 的核心應用就是文書處理，故可應用於自動生成商品描述與產品介紹，尤其是電商產業，文字內容基本上就是主要的銷售和營銷方式，因此掌握 ChatGPT，就可以大幅為店家和品牌分擔網路行銷活動的文字工作量，進一步提高電商平台的營收。

例如在產品描述的部分，ChatGPT 可以根據客戶的喜好、交易行為、興趣、偏好、和需求，幫助行銷團隊確定目標受眾，並在不到 5 秒內生成更符合受眾的產品文案以提高消費者關注度，甚至協助大量生成創意雛形，開發對應的市場行銷活動方案、符合社群平台所需的貼文與撰寫 YouTube 影片腳本，進而增加廣告的點擊率和轉換率，更具備自動摘要的功能，可將長文摘要出文章重點：

請以至少600字介紹台灣

台灣是一個美麗的島嶼，位於東亞的中心地帶，北臨東海，東鄰太平洋，西接台灣海峽，南隔巴士海峽與菲律賓相望。台灣地理位置獨特，緯度介於北緯20°45'~25°56'之間，面積約有36,000平方公里，是世界上第38大的國家。

台灣擁有豐富的人文歷史，是一個多元文化的國家。先民們在台灣島上居住已有萬餘年歷史，歷經荷蘭、西班牙、清朝、日治時期等不同的政權統治，每個時期都留下了獨特的文化遺產，使得台灣文化綜合了多種不同文化的元素。

台灣的氣候溫和，四季分明，植被豐富，有各種不同的自然風光，如高山、海岸、溪流、森林、湖泊等等。其中，太魯閣、日月潭、阿里山等地區是著名的旅遊勝地，吸引了大量國內外遊客前來旅遊。

此外，台灣也是一個經濟發達的國家。自20世紀80年代開始，台灣的經濟快速發展，成為了亞洲四小龍之一。現在，台灣擁有高度發達的科技產業、製造業、金融業等，也是全球最大的積體電路製造商之一。台灣的經濟成就得益於政府的積極政策，也得益於勤奮的台灣人民。

台灣的人民熱情好客，友善而有禮。華人文化中講究的"以人為本"和"和氣生財"在台灣得到了充分體現。台灣的飲食文化豐富多彩，有許多美食是讓人流連忘返的，如台北的小吃、台南的小吃、台中的豆花、嘉義的瘦肉粥等等。此外，台灣也是茶葉生產和茶文化的重要地區，台灣茶

各位只要輸入類似「請將我剛才問的問題的回答內容摘要重點」，就會將上圖中的回答內容條列摘要重點，請參考下圖：

 請將我剛才問的問題的回答內容摘要重點

 摘要重點：

* 台灣位於東亞中心地帶，緯度介於北緯20°45'~25°56'之間，面積約有36,000平方公里，是世界上第38大的國家。
* 台灣有豐富的人文歷史和多元文化，歷經荷蘭、西班牙、清朝、日治時期等不同的政權統治，每個時期都留下了獨特的文化遺產，使台灣文化綜合了多種不同文化的元素。
* 台灣的氣候溫和，四季分明，植被豐富，有各種不同的自然風光，如高山、海岸、溪流、森林、湖泊等等。太魯閣、日月潭、阿里山等地區是著名的旅遊勝地。
* 台灣是一個經濟發達的國家，擁有高度發達的科技產業、製造業、金融業等，也是全球最大的積體電路製造商之一。台灣的經濟成就得益於政府的積極政策，也得益於勤奮的台灣人民。
* 台灣人民熱情好客，友善而有禮。台灣的飲食文化豐富多彩，有許多美食是讓人流連忘返的。台灣也是茶葉生產和茶文化的重要地區。

ChatGPT 與 SEO 的超強整合攻略

8-3-1 發想廣告郵件與官方電子報

電子郵件行銷（Email Marketing）與電子報行銷（Email Direct Marketing）是許多企業慣用的行銷手法，由於費用相對低廉，加上可以追蹤，大大地節省行銷時間及提高成交率。ChatGPT 能為店家自動發想與生成電子郵件與電子報回信內容，只要下對指令，把你的行銷需求告訴 ChatGPT，輸入推廣的對象，需要促銷的產品，以及預期達到的目的，就能自動產出一封符合指定情境、信件內容的官方郵件與電子報，除了提高品牌知名度以外，也更加連結與消費者之間的關係。

接下來請幫忙寫一封商品推薦的官方電子郵件，商品資訊如下：

油漆式速記多國語言雲端學習系統（https://pmm.zct.com.tw/zct_add/）這套系統是利用本公司獨家發明的油漆式速記法原理所建構完成，配合教育部的全英語授課（English as a Medium of Instruction, EMI）與國際教育政策，內容包含了國內外十幾種著名的英語檢定與 20 種第二外語相關檢定（日、韓、德、西、法、越、泰、印尼等），近期也將推出本土語學習系統（臺語、手語、客家語、原住民語），目前已開放六大類試用版本。

研發公司：榮欽科技股份有限公司

公司官網：www.zct.com.tw

業務代表：吳燦銘先生

ChatGPT 回答：

請幫忙寫一封商品推薦的官方電子郵件，商品資訊如下：
油漆式速記多國語言雲端學習系統(https://pmm.zct.com.tw/zct_add/))這套系統是利用本公司獨家發明的油漆式速記法原理所建構完成，配合教育部的全英語授課(English as a Medium of Instruction, EMI)與國際教育政策，內容包含了國內外十幾種著名的英語檢定與20種第二外語相關檢定(日、韓、德、西、法、越、泰、印尼等)，近期也將推出本土語學習系統(臺語、手語、客家語、原住民語)，目前已開放六大類試用版本。
研發公司：榮欽科技股份有限公司
公司官網：www.zct.com.tw
業務代表：吳燦銘先生

尊敬的客戶您好，

感謝您對榮欽科技股份有限公司的油漆式速記多國語言雲端學習系統感興趣。我們的系統是利用本公司獨家發明的油漆式速記法原理所建構完成，配合教育部的全英語授課(English as a Medium of Instruction, EMI)與國際教育政策，內容包含了國內外十幾種著名的英語檢定與20種第二外語相關檢定(日、韓、德、西、法、越、泰、印尼等)，並且近期也將推出本土語學習系統(臺語、手語、客家語、原住民語)，目前已開放六大類試用版本。

我們相信這套系統能夠有效地協助您學習語言，無論是在工作、旅遊或學術方面。使用我們的系統，您可以學習並且熟練掌握不同的語言，進而擴大您的國際視野。

如果您對我們的產品有任何問題或者需要進一步的資訊，請聯繫我們的業務代表吳燦銘先生，他將竭誠為您服務。

謝謝您對我們產品的關注，期待您的回應。

此致
敬禮

榮欽科技股份有限公司

8-3-2　生成社群與部落格標題與貼文

當品牌有經營 Facebook 或 IG 等社群時，總會需要寫一些貼文來做行銷，畢竟不會有人想追蹤一個沒有內容的粉專，因此好的貼文內容扮演著最重要的網路行銷角色，甚至粉絲都會主動幫忙推播與傳達。社群上發佈貼文的目的當然是希望讓越多人看到越好，一張平凡的相片，若能搭配標題訂定，設身處地為用戶著想，了解他們喜歡聽什麼、看什麼，或是需要什麼，那麼一定能成為魅力十足的貼文進而引起共鳴。在此，ChatGPT 能幫助絞盡腦汁的小編，讓它完美化身你的免費行銷專員，只要輸入正確店家名稱、文章關鍵字、活動主題、呈現的風格，甚至一些特別需求，例如在指令加上字數和語氣的要求等，就會自動產生對應的文章，快速生成符合各種平台所需的標題與貼文。

👤 提問：

請寫出十個較會引人感興趣的關於林書豪（Jeremy Lin）的 Instagram post 標題

ChatGPT 回答：

請寫出十個較會引人感興趣的關於林書豪(Jeremy Lin)的Instagram post標題

1. "我的首次CBA之旅：這裡是我新的家！CN"
2. "練球不只是在場上：我如何鍛鍊自己的心態和身體素質"
3. "承諾是誓言，不是藉口：為什麼我選擇加入北京首鋼籃球隊 CN"
4. "每一個失敗都是一個機會：回顧我在NBA的職業生涯"
5. "來自紐約的祝福：感謝所有支持我的人 #NewYorkForever"
6. "我在CBA的第一個週年紀念：這是一個不可思議的經歷CN"
7. "籃球是一個團隊運動：如何與我的隊友們建立更好的默契"
8. "從運動員到企業家：我如何為我的未來做好準備"
9. "做一個有影響力的領袖：我如何在場上和場下影響我的粉絲和支持者"
10. "成功不是最終目標：如何保持對籃球和生活的熱情和動力"

 提問：

請寫出 " 每一個失敗都是一個機會：回顧我在 NBA 的職業生涯 " 的 Instagram post 貼文

ChatGPT 回答：

請寫出"每一個失敗都是一個機會：回顧我在NBA的職業生涯"的Instagram post內文

大家好，今天我想談談我在NBA的職業生涯。作為一個職業籃球運動員，我經歷了許多高低起伏，也經歷了很多失敗。但是我始終相信，每一個失敗都是一個機會。

當我第一次進入NBA時，我曾被視為一個不夠優秀的球員。我被忽略了，沒有被選中，也沒有得到太多的關注。但這些挫折並沒有讓我放棄。相反地，我更加堅定了自己的信念，認為只要努力，我就能夠在NBA中立足。

在NBA的生涯中，我經歷了很多失敗。有的是因為自己的技術不夠好，有的是因為缺乏經驗和智慧。但是我並不會被這些失敗打敗。相反地，我會從中吸取教訓，努力變得更好。

我的NBA生涯並不是一帆風順的。我經歷過許多困難和挫折。但是我從中學到了很多東西，也因此變得更加堅強和堅定。我的職業生涯給了我很多機會去成長和發展，讓我能夠在籃球場上展現自己的技術和才華。

我希望我能夠在自己的職業生涯中，繼續成長和進步。我會繼續對自己的技術和才華保持挑戰和追求，因為我相信每一個失敗都是一個機會。謝謝大家的支持和關注，讓我能夠在籃球場上發光發熱！

◎ 對話範例：生成部落格文章

👤 提問：

請寫出十個值得推薦高雄旅遊景點的部落格文章標題

ChatGPT 回答：

請寫出十個值得推薦高雄旅遊景點的部落格文章標題

1. 「在城市中尋找自然：高雄最美公園推薦」
2. 「高雄必訪的五大文化景點」
3. 「探訪高雄最受歡迎的夜市美食」
4. 「別有洞天的高雄老街：鹽埕區探索之旅」
5. 「高雄必去的五大海灘，夏日好去處！」
6. 「品味高雄的特色小吃：旗津島上的美食之旅」
7. 「高雄必遊的四大主題公園，好玩好拍照！」
8. 「漫步高雄的後花園：旗津後勁湖風景區」
9. 「高雄必去的三大歷史建築，見證城市的發展」
10. 「從港口走入歷史：高雄港區文化之旅」

👤 提問：

請寫一篇上面標題「高雄必訪的五大文化景點」的部落格文章

ChatGPT 回答：

請寫一篇上面標題「高雄必訪的五大文化景點」的部落格文章

高雄作為台灣南部的重要城市，不僅擁有豐富的自然景觀，還有著許多文化景點值得探訪。在這篇部落格中，我們要介紹高雄必訪的五大文化景點。

1. 高雄鳳山文化園區
   位於鳳山區的高雄文化園區，是由鳳山糖廠改建而成，保存了許多懷舊風格的建築，也展示了當地的歷史文化。遊客可以在這裡欣賞到許多藝術展覽，也可以參加各種文化活動。
2. 高雄市立歷史博物館
   高雄市立歷史博物館位於鼓山區，是一座專門收藏高雄歷史文物的博物館。博物館內收藏了大量的古文物、照片、文獻等，展示了高雄市的歷史和文化發展。
3. 高雄市立美術館
   高雄市立美術館是一座現代藝術博物館，位於左營區，館內收藏了豐富的現代藝術作品，還經常舉辦各種主題展覽，吸引了眾多藝術愛好者前來參觀。
4. 旗津海上風景區
   旗津是高雄著名的觀光勝地之一，位於旗津區的海上風景區是遊客必訪的景點之一。遊客可以搭乘渡輪前往旗津，欣賞到美麗的海景和潔白的沙灘，還可以品嚐當地的海鮮美食。
5. 美麗島捷運站
   美麗島捷運站是高雄的地標建築之一，位於前鎮區，是高雄捷運紅線的轉運站。這座建築以其獨特的造型和豐富的藝術裝飾聞名，遊客可以在這裡拍照留念，也可以欣賞到許多藝術作品。

以上是高雄必訪的五大文化景點，每個景點都有其

ChatGPT 與 SEO 的超強整合攻略

提問：

> 請繼續

ChatGPT 回答：

> 請繼續
>
> 4. 高雄市立美術館
>   高雄市立美術館位於高雄市鳳山區，建築外觀獨特，是一座現代風格的大型文化藝術建築，設計者是知名建築師周銘發。美術館內收藏著眾多珍貴的文化藝術品，包括中國古代青銅器、陶瓷、書畫等。另外，美術館也會不定期舉辦各種展覽，吸引著許多國內外的藝術愛好者前來參觀。
> 5. 高雄市立圖書館
>   高雄市立圖書館位於高雄市苓雅區，是一座現代化的大型圖書館。圖書館內擁有豐富的圖書資源和電子資源，提供各種閱讀和學習場所，是高雄市民的重要學習場所之一。此外，圖書館也會舉辦各種文化活動，例如講座、展覽、讀書會等，深受市民喜愛。
>
> 以上就是高雄必訪的五大文化景點，每個景點都有其獨特的文化內涵，讓人感受到不同的藝術魅力。如果你想要深入了解高雄的文化風情，不妨安排一天時間來探訪這五大景點，相信一定會留下難忘的回憶。

8-3-3 速覽 YouTube 影片摘要 （YouTube Summary with ChatGPT）

「他山之石，可以攻錯！」當行銷團隊想要參考國外其他同業的網站或網路行銷影片技巧時，ChatGPT 能幫助快速產生像是新聞、網站、YouTube 影片摘要、網頁文章等的摘要內容，例如免費的「YouTube Summary with ChatGPT」的 Chrome 擴充功能，可讓您透過 ChatGPT AI 技術快速觀看 YouTube 影片的摘要，節省觀看影片的大量時間，加速學習。

首先請在「chrome 線上應用程式商店」輸入關鍵字「YouTube Summary with ChatGPT」，接著點選「YouTube Summary with ChatGPT」擴充功能：

接著會出現下圖畫面，請按下「加到 Chrome」鈕：

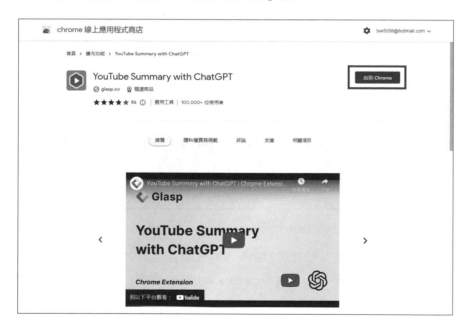

出現下圖視窗後,再按「新增擴充功能」鈕:

完成安裝後,各位可以先看一下有關「YouTube Summary with ChatGPT」擴充功能的影片介紹,就可以大概知道這個外掛程式的主要功能及使用方式:

接著示範如何利用這項外掛程式的功能。首先請連上 YouTube 觀看想要快速摘要了解的影片,接著按「YouTube Summary with ChatGPT」擴充功能右方的展開鈕:

隨即看到這支影片（youtube.com/watch?v=s6g68rXh0go）的摘要說明，如下圖所示：

在上圖中各位可以看到一個工具列 ，由左到右的功能分別為「View AI Summary」、「Jump to Current Time」、「Copy Transcript(Plain Text)」三項功能。其中「View AI Summary」鈕會啟動 ChagGPT 來查看該影片的摘要功能，如下圖所示：

其中「Jump to Current Time」」鈕則會直接跳到目前影片播放位置的摘要文字說明，如下圖所示：

其中「Copy Transcript(Plain Text)」鈕則會複製摘要說明的純文字檔，可以依自己的需求貼上到指定的文字編輯器來加以應用。例如下圖為摘要文字內容貼到 Word 文書處理軟體的畫面。

其實 YouTube Summary with ChatGPT 的原理就是將 YouTube 影片字幕提供給
ChatGPT，而 ChatGPT 就根據此字幕內容，快速摘要出這支影片的主要重點。而
在方框旁有一個複製的按鈕，將文字丟入 ChatGPT，ChatGPT 就會幫我們摘要一
段英文。如下圖所示：

> In this video, Dr. Arthur Brooks, a Harvard professor, discusses the misconception that
> many people have about happiness. He argues that the common model of satisfaction,
> which suggests that working hard, making money, being successful, admired, and
> envied will lead to happiness, is wrong.
>
> Dr. Brooks explains that research shows that money does not actually bring happiness.
> Instead, it may only lower unhappiness temporarily. People often mistake lower
> unhappiness for higher happiness and believe that more money will make them
> happier. However, this is not the case.
>
> According to Dr. Brooks, true happiness comes from being in the zone of what you love
> to do and what you appreciate most in life. It has to do with being in line with your own
> values and living according to your own integrity. He quotes Carl Jung, who believed
> that to be happy, you need to understand your own values and live according to them.
>
> Dr. Brooks encourages people to find what they truly love to do and to pursue that,
> rather than chasing extrinsic lures like money, power, pleasure, and fame. He believes
> that people who live outside their groove and do not follow their own values are never
> in equilibrium and are never truly comfortable in their own skin.
>
> Overall, Dr. Brooks argues that true happiness comes from being true to yourself and
> doing what you love, rather than from external factors like money or status.

接著再輸入「請將上述英文翻譯成繁體中文」，就可以得到翻譯的成果：

 請將上述英文翻譯成繁體中文

> 在這段影片中，哈佛大學教授阿瑟·布魯克斯談到了關於快樂的一個常見誤解。他認為常見的
> 滿足模式是錯誤的，這種模式告訴你要努力工作、賺錢、成功、受人敬仰、被人羨慕、存
> 錢、然後開心地死去。然而，這是錯誤的。除了金錢，研究顯示金錢並不能帶來真正的快
> 樂。金錢能夠暫時降低不快感，但快樂和不快樂是不同的體驗，並不是相反的。
>
> 人們常常把不快感誤認為快樂，認為越賺錢越幸福。但事實並非如此。布魯克斯教授指出，
> 真正的快樂來自於做自己真正喜愛和欣賞的事情。當你與自己的價值觀相符合，按照自己的
> 價值觀生活時，你才會真正快樂。卡爾·榮格曾這樣解釋快樂：你需要了解自己的價值觀，了
> 解自己認為什麼是正確的、道德的，如果你知道這些並能表達出來，按照這些價值觀生活，
> 你就會快樂。
>
> 如果你同意這種觀點，那麼布魯克斯教授認為這是有很多道理的，因為你需要找到自己的世
> 界觀，知道自己認為什麼是真理，然後按照自己的價值觀、自己的正直生活。當人們生活在
> 這個軌道之外時，他們永遠不會達到平衡，他們永遠不會真正感到自在。因此，布魯克斯教
> 授鼓勵人們找到自己真正喜愛的事情，而不是追逐金錢、權力、享樂和名望等外在誘惑。他
> 認為，那些生活在軌道之外、沒有按照自己的價值觀生活的人，永遠無法真正感到舒適自
> 在。

ChatGPT 與 SEO 的超強整合攻略

如果有 New Bing 的權限，則可直接使用 New Bing 上面的問答引擎，輸入「請幫我摘要這個網址影片：https://www.youtube.com/watch?v=s6g68rXh0go」，若輸入 YouTube 上瀏覽器的網址沒有成功，則建議影片的網址改放 YouTube 上面分享的短網址，例如：「請幫我摘要這個網址影片：https://youtu.be/s6g68rXh0go」，也能得到這個影片的摘要。

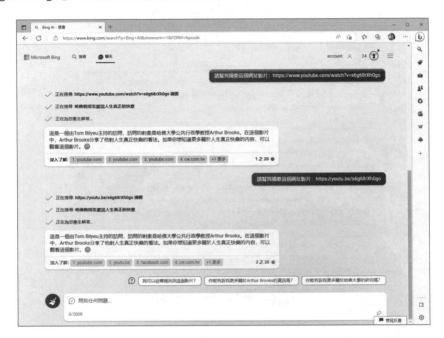

8-4　讓 ChatGPT 將 YouTube 影片轉成音檔（mp3）

我們可以利用與 ChatGPT 對話，請他協助寫一支 Python 程式，教您如何將指定網址的 YouTube 影片轉成音檔（mp3）。

8-4-1　請 ChatGPT 寫程式

👤 提問：

我使用的程式語言是 Python，請問有辦法抓取 YouTube 影片的音擋嗎？

ChatGPT 回答：

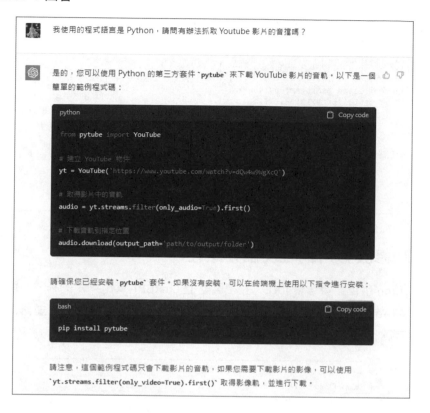

從上述 ChatGPT 的回答畫面中，ChatGPT 也提到這個範例程式碼只會下載影片的音軌，如果需要下載影片的影像，可以使用 yt.streams.filter(only_video=True).first() 取得影像軌，並進行下載。

8-4-2 安裝 pytube 套件

為了順利下載音軌或影像軌，請確保您已經安裝 pytube 套件。如果沒有安裝，請在「命令提示字元」的終端機，使用「pip install pytube」指令進行安裝。如下圖所示：

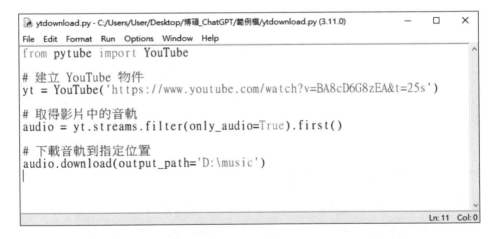

```
命令提示字元                                              —   □   ✕

Microsoft Windows [版本 10.0.19044.2728]
(c) Microsoft Corporation. 著作權所有，並保留一切權利。

C:\Users\User>pip install pytube
Collecting pytube
  Downloading pytube-12.1.3-py3-none-any.whl (57 kB)
     ---------------------------------------- 57.2/57.2 kB 594.4 kB/s eta 0:00:00
Installing collected packages: pytube
Successfully installed pytube-12.1.3

[notice] A new release of pip available: 22.3.1 -> 23.0.1
[notice] To update, run: python.exe -m pip install --upgrade pip

C:\Users\User>
```

8-4-3 修改影片網址及儲存路徑

開啟 python 整合開發環境 IDLE，並複製貼上 ChatGPT 幫忙撰寫的程式，同時將要下載的 YouTube 的影片網址更換成自己想要下載的音檔的網址，並修改程式中的儲存路徑，例如本例中的 'D:\music' 資料夾。

```
ytdownload.py - C:/Users/User/Desktop/博碩_ChatGPT/範例檔/ytdownload.py (3.11.0)        —   □   ✕
File  Edit  Format  Run  Options  Window  Help

from pytube import YouTube

# 建立 YouTube 物件
yt = YouTube('https://www.youtube.com/watch?v=BA8cD6G8zEA&t=25s')

# 取得影片中的音軌
audio = yt.streams.filter(only_audio=True).first()

# 下載音軌到指定位置
audio.download(output_path='D:\music')

                                                                    Ln: 11  Col: 0
```

一定要確保 D 硬碟中的 music 資料夾已建立好，如果還沒建立此資料夾，請先於 D 硬碟按滑鼠右鍵，從快顯功能表中新建資料夾。如下圖所示：

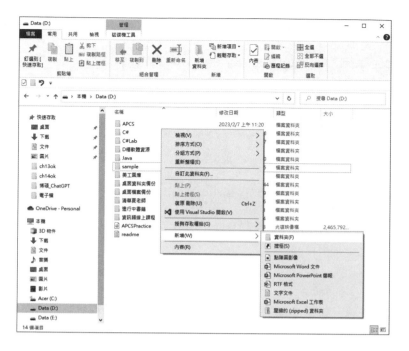

建立好資料夾之後，可以看出目前的資料夾是空的，沒有任何檔案。如下圖所示：

8-4-4 執行與下載影片音檔（mp3）

接著在 IDLE 執行「Run/Run Module」指令：

程式執行完成後，如果沒有任何錯誤，就會出現如下圖的程式執行結束的畫面：

此時再開啟位於 D 硬碟的「music」資料夾，就可以看到已成功下載該 YouTube 網址的影片轉成音檔（mp3）。如下圖：

點選該音檔圖示，就會啟動各位電腦系統的媒體播放器來聆聽美妙的音樂。

請注意，不要未經授權下載有版權保護的影片喔！

8-5　SEO 行銷與 ChatGPT

ChatGPT 應用方向，在 SEO 界中引起了相關專家的關注。ChatGPT 在搜索引擎優化中的應用場景非常廣泛，例如優化網站內容品質是吸引訪客、增加流量並提升排名的關鍵策略。而現在，ChatGPT 作為一個強大的工具，能夠快速生成符合 SEO 架構的內容，真可謂是一個無價的幫手！以下是一些案例，可以幫助你輕鬆創造優質內容：

1. 以 SEO 關鍵字為基礎，使用 ChatGPT 生成引人入勝的部落格文章，吸引更多目標受眾。

2. 利用 ChatGPT 的幫助，撰寫銷售頁面的描述，以增強商品或服務的吸引力和銷售效果。

3. 使用 ChatGPT 生成精確的產品描述，讓潛在顧客能夠快速了解並購買你的產品。

4. 建立有價值的指南、教學或白皮書，以展示你專業知識的深度和對目標受眾需求的理解。

5. 透過 ChatGPT 生成吸引人的社交媒體貼文，提高社交媒體曝光和參與度。

6. 使用 ChatGPT 製作具有價值的影片內容，以吸引觀眾並增加品牌知名度。

ChatGPT 不僅能夠幫助你節省時間和精力，還能確保你的內容符合 SEO 要求，提升你的網站在搜索引擎中的可見度和排名。我們可以將 ChatGPT SEO 應用於產生問題集、關鍵字、標題、文案修改及技術面的協助。

8-5-1　SEO 常見問題集

現在，讓我們探討如何運用 ChatGPT 的能力來生成一份實用的 SEO 常見問題集。透過 ChatGPT 的智能生成，我們能夠提供涵蓋廣泛主題的問題，這份問題集將有助於網站擁有者和行銷人員解決他們在 SEO 優化過程中遇到的疑惑和挑戰。不僅如此，這些問題也提供了深入的解答。憑藉 ChatGPT 的幫助，我們能夠提供更有價值的 SEO 資源，協助網站優化達到更好的排名和流量增長。

👤 提問：

> 請列出至少 20 個關於實用網頁 SEO 常見問題集」

ChatGPT 回答：

> TK　請列出至少20個關於實用網頁SEO常見問題集
>
> 當然，以下是一些關於實用網頁SEO的常見問題集：
>
> 1. 什麼是SEO，它對網頁有何影響？
> 2. 我應該如何選擇適合的關鍵字？
> 3. 如何優化網頁標題和描述？
> 4. 是否應該使用長尾關鍵字？
> 5. 如何進行內容優化以提高搜索引擎排名？
> 6. 是否需要為每個網頁都設置唯一的meta描述？
> 7. 是否有必要在URL中包含關鍵字？
> 8. 圖像優化對SEO有何影響？
> 9. 如何創建高品質的背鏈（Backlinks）？
> 10. 網站速度對SEO有何重要性？
> 11. 如何處理重複內容的問題？
> 12. 應該在網站上使用內部連結嗎？
> 13. 如何優化移動設備上的網頁？
> 14. 如何處理404錯誤頁面？
> 15. 網站安全對SEO有何影響？
> 16. 是否需要在網站上使用XML網站地圖？
> 17. 應該如何使用標題標籤（H1、H2等）？
> 18. 如何最佳化網站結構和內部連結？
> 19. 是否需要在網站上使用結構化數據（Schema Markup）？
> 20. 如何追蹤和監測SEO效果？
>
> 這些問題涵蓋了一些常見的實用網頁SEO議題，希望能對你有所幫助。如果你有任何進一步的問題，請隨時提出！

接著如果對任何一個問題感興趣，還可以進一步提問，如下圖所示：

> 什麼是SEO，它對網頁有何影響？
>
> SEO代表搜索引擎優化（Search Engine Optimization）。它是一系列技術和策略，旨在改善網站在搜索引擎結果頁面（SERP）中的排名，從而增加有機（非付費）流量和提高網站的可見性。
>
> SEO對網頁有以下影響：
>
> 1. 提高有機流量：當你的網站在搜索引擎中的排名提高時，更多的用戶會點擊你的網站鏈接，增加你的網站訪問量。
> 2. 增強網站可見性：通過優化網站，使其在搜索引擎中更容易被發現，提高網站的曝光度和知名度。
> 3. 提高用戶體驗：SEO優化包括提升網站速度、改善網站結構和導航，這些都可以提高用戶的體驗，使他們更願意在你的網站上停留和與之互動。
> 4. 提高轉換率：優化網站內容和結構可以吸引到更具目標的流量，增加轉換率，例如購買產品、填寫表單或訂閱電子報等。
> 5. 建立品牌權威：當你的網站在搜索引擎中的排名提高時，它給人一種權威性和可信度的印象，幫助建立品牌形象和口碑。
>
> 總而言之，SEO對網頁有助於增加流量、提高可見性、改善用戶體驗、提升轉換率和建立品牌權威。通過遵循SEO最佳實踐，你可以在搜索引擎中獲得更好的排名，從而在競爭激烈的網絡環境中脫穎而出。

ChatGPT 與 SEO 的超強整合攻略

8-5-2　SEO 關鍵字研究

關鍵字研究是 SEO 不可或缺的一環，店家在開始建置網站時，進行關鍵字搜尋是非常重要的步驟，在制定 SEO 策略之前，需要先了解使用者的搜尋方式和意圖與評估數據和競爭對手，並定期檢討和更新你的關鍵字選擇。

以下為關鍵字研究應用實例，例如請求 ChatGPT 幫忙生成關鍵字清單，例如：

👤 提問：

> 請幫我生成一個包含 10 個關鍵字清單，這些關鍵字與「速記法」有關

ChatGPT 回答：

TX　請幫我生成一個包含 10 個關鍵字清單，這些關鍵字與「速記法」有關

以下是與「速記法」相關的 10 個關鍵字清單：

1. 速記技巧
2. 速記筆記
3. 速記訓練
4. 速記工具
5. 速記方法
6. 速記學習
7. 速記應用
8. 速記系統
9. 速記編碼
10. 速記教程

這些關鍵字可以用於優化與速記法相關的網頁內容，以提高搜索引擎的可見性，吸引更多與速記法相關的目標受眾。請注意，在實際應用中，你還需要進行進一步的研究和分析，以選擇最適合你業務需求的關鍵字。

8-5-3　關鍵字分類的技巧

我們可以利用 ChatGPT 根據關鍵字的特點或使用者的搜尋動機進行分類，以提供更具針對性的資訊。例如，當有人想尋找與「速記法」相關的內容時，他們可能想了解有關工具、課程、方法論或應用的資訊。在這種情況下，我們可以要求 ChatGPT 以表格的方式進行分類，讓使用者更容易找到所需的資訊。這種個別化的回答方式可以提供更具價值和有用性的內容，讓使用者能夠更迅速地

找到他們所需要的特定領域的資訊。透過 ChatGPT 的分類能力，我們可以更好地滿足使用者的需求並提供更優質的搜尋體驗。

👤 提問：

> 將關鍵字以表格方式呈現，並且依照其搜尋意圖分類為工具、課程、方法論或應用進行分組

ChatGPT 回答：

TX　將關鍵字以表格方式呈現，並且依照其搜尋意圖分類為工具、課程、方法論或應用進行分組

以下是根據搜尋意圖分類為工具、課程、方法論或應用的「速記法」關鍵字清單：

類別	關鍵字
工具	速記筆記
工具	速記工具
工具	速記系統
工具	速記編碼
課程	速記訓練
課程	速記學習
課程	速記教程
方法論	速記技巧
方法論	速記方法
應用	速記應用

這個表格可以幫助你更清晰地了解每個關鍵字的搜尋意圖分類。你可以根據這些分類來規劃和優化與速記法相關的網頁內容，以提供更符合用戶需求的資訊。

8-5-4 生成 SEO 的吸睛標題

對於 SEO 而言，標題就顯得非常重要，因為會直接影響使用者對於網頁的第一印象，甚至是點擊與瀏覽的意願，以下讓我們就透過 ChatGPT 來生成一個吸引人且符合 SEO 規範的標題，以行銷「油漆式速記法」為例，期待標題能為我們的內容帶來更多曝光和點擊，同時傳達出油漆式速記法的獨特價值和吸引力。

🧑 提問：

請給我五個較會引人感興趣文章標題並符合 SEO 規範，與關鍵詞「油漆式速記法」相關

ChatGPT 回答：

> TX　請給我五個較會引人感興趣文章標題並符合 SEO 規範，與關鍵詞「油漆式速記法」相關
>
> 以下是五個引人注意且符合SEO規範的文章標題，與關鍵詞「油漆式速記法」相關：
>
> 1. 「從零開始學習油漆式速記法：快速記錄和組織重要信息」
> 2. 「油漆式速記法的奇招：提升工作效率和記憶力的祕訣」
> 3. 「油漆式速記法 vs. 傳統筆記：哪種方法更適合你？」
> 4. 「透過油漆式速記法掌握會議：技巧、工具和最佳實踐」
> 5. 「如何在學習中應用油漆式速記法：提高知識吸收和回顧效果」
>
> 這些標題既能夠吸引讀者的興趣，同時也包含了關鍵詞「油漆式速記法」，有助於提升文章在搜索引擎中的可見度和排名。請記住，在撰寫文章內容時，確保內容與標題相關並提供有價值的資訊，以提升讀者的閱讀體驗。

8-5-5 DIY 你的頁面描述

頁面描述（Meta description）是位於網頁 HTML 程式碼中的一個元素，用於提供對搜索引擎和網頁用戶的簡要描述，提供簡明的網頁摘要，通常出現在搜索引擎結果頁面（SERP）中的藍色可點擊鏈接，雖然 meta 沒有 SEO 的實質影響，主要用途為類似廣告文案的功能，但是對於從 SERP 獲得用戶點擊是非常重要，不僅可以提供用戶關於網頁內容的預覽，還可以吸引用戶的注意並說明網頁的獨特價值。

我們可以請求 ChatGPT 協助，快速撰寫頁面描述（Description），例如我們希望行銷「油漆式速記法」。

👤 提問：

> 請以繁體中文寫一個 meta description，標題為「油漆式速記法」及關鍵字為「速記方法」，只需撰寫頁面描述（Description），字數在 100 個以內。

ChatGPT 回答：

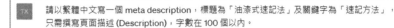

> TX　請以繁體中文寫一個 meta description，標題為「油漆式速記法」及關鍵字為「速記方法」，只需撰寫頁面描述 (Description)，字數在 100 個以內。

> 在頁面描述（Description）的範例中，標題為「油漆式速記法」，關鍵字為「速記方法」。以下是一個符合要求的範例：
>
> 「想要提升你的記憶力和效率嗎？透過油漆式速記法，學習快速記錄重要資訊的方法。掌握簡單而有效的速記技巧，提高學習和工作效率。了解更多關於速記方法的秘訣和最佳實踐，開始在生活中運用這項強大的工具！」
>
> 這個頁面描述使用簡潔的語言，強調了使用油漆式速記法提升記憶力和效率的優點，同時也提供了一個具體的行動呼籲，邀請讀者了解更多關於速記方法的資訊。字數在 100 個以內，能夠有效吸引用戶的注意力並概括網頁的內容。

8-5-6　網站文案大綱規劃、內容生成與改寫

主題與大綱發想一直是創作者與小編的首個難關，在進行 SEO 文案規劃時，通常都會先擬定好大綱，建立一個優質的大綱結構更是重要。這能確保你的文章內容有良好的組織性，文章的脈絡才能顯得井然有序，這種條理式的文章結構也更符合 SEO 的要求。良好的大綱結構還能提供讀者良好的閱讀體驗，藉由合理安排內容的層次結構，為你的文章提供一個強而有力的框架，以吸引讀者，並提升網站的 SEO 排名。

👤 提問：

> 請規劃一篇符合 SEO 架構的文章大綱，並簡短說明段落簡介，主題為「油漆式速記法」

ChatGPT 回答：

> 1X　提問：請規劃一篇符合 SEO 架構的文章大綱，並簡短說明段落簡介，主題為「油漆式速記法」
>
> 大綱：符合SEO架構的文章大綱，主題為「油漆式速記法」，包含以下段落：
>
> 1. 引言
>   - 引起讀者對油漆式速記法的興趣
>   - 簡要介紹油漆式速記法的定義和重要性
> 2. 什麼是油漆式速記法？
>   - 解釋油漆式速記法的概念和原理
>   - 強調其快速記錄和組織重要資訊的優勢
> 3. 油漆式速記法的應用場景
>   - 探討油漆式速記法在工作、學習、會議等場景的實際應用
>   - 提供實例和案例來支持說明
> 4. 如何學習油漆式速記法？
>   - 提供學習油漆式速記法的步驟和方法
>   - 引導讀者掌握基本技巧和練習策略
> 5. 油漆式速記法的效益
>   - 探討使用油漆式速記法的益處和優點
>   - 強調其提升工作效率、記憶力和溝通能力的價值
> 6. 最佳實踐和技巧
>   - 提供一些使用油漆式速記法的最佳實踐和實用技巧
>   - 包括如何組織資訊、選用適當的圖像和符號等建議
> 7. 結論
>   - 總結油漆式速記法的重要性和優勢
>   - 強調讀者開始應用油漆式速記法的價值
>
> 這篇文章的大綱以引言開始，概述了油漆式速記法的主題，接著通過不同段落逐步探討油漆式速記法的定義、應用、學習方法、效益、最佳實踐和結論。每個段落都涵蓋了與主題相關的重要觀點和內容，同時符合SEO架構的要求。

優質的文案內容一直都是 SEO 優化工作的基礎訴求，ChatGPT 還可以幫助你直接撰寫文案！特別是一般銷售或產品文案的字數都不會太多，但需求量卻很高，如果店家或品牌想大量快速生成文案，可以利用以下的提示技巧，更精確地指導 ChatGPT 生成符合你需求的文案，以滿足特定受眾、結構要求和內容方向。

- 指定文案受眾：例如撰寫適合忙碌上班族的文案，關注時間管理、壓力減輕和工作效率提升等方面。或是為企業家撰寫文案，關注創業、管理、市場策略和企業成長等相關主題。
- 指定文案架構：包含前言、要點、總結、常見問題，在文案中明確安排這些結構，使其更有條理、易讀且有層次感。或是根據你的需求和內容特點，制定一個特定的文案架構，以便清晰傳達訊息和呈現內容。

- 指定文案內容方向：包含討論產品、服務或概念的優點和缺點，幫助讀者做出更明智的選擇。或是在文案中明確提供行動呼籲，引導讀者進行特定的行動，例如訂閱電子報、購買產品、填寫表格等。

👤 提問：

> 請寫出 " 請為研發廠商撰寫一篇如何推廣油漆式速記法，包含前言、方法特色、常見問題，內容需提到這個方法優點及行動呼籲 " 的 Instagram post 內文

ChatGPT 回答：

> 📢 探索油漆式速記法的革命性方法！ ✏️
>
> 前言：
> 想提升你的工作效率並擁有更聰明的記錄方式嗎？讓我向你介紹油漆式速記法！這個創新的方法結合了速度、組織和創意，將幫助你在研發領域取得更大的突破！ 🚀
>
> 方法特色：
> ◆ 快速紀錄：油漆式速記法讓你以極快的速度將重要資訊記錄下來，不錯過任何重要細節！
> ◆ 組織整理：透過圖像、符號和結構化的方式，你可以輕鬆整理和管理大量資訊，讓想法更有條理。
> ◆ 創意表達：這個方法允許你以獨特且創意的方式呈現想法，激發更多創意和靈感。
>
> 常見問題：
> ❓ 問題一：這個方法是否適用於不同的行業？
> 回答：絕對！油漆式速記法適用於各種行業和領域，包括研發、設計、創意行業等，它是一個通用且高效的工具！
>
> ❓ 問題二：我需要具備繪畫技巧才能使用嗎？
> 回答：不需要！油漆式速記法並不要求你有專業的繪畫技巧。它更著重於快速和簡潔的表達方式，讓你的訊息更清晰易懂。
>
> 優點：
> ☑️ 提升工作效率和創造力
> ☑️ 更好地記錄和組織重要資訊
> ☑️ 激發創意和靈感
>
> 行動呼籲：
> 如果你渴望提升你的研發工作和團隊的效率，現在就開始使用油漆式速記法！ 📋💡 關注我們的頁面，獲取更多關於這個方法的資訊和實用技巧！一起探索油漆式速記法的奇妙世界吧！ 👍✨
>
> #油漆式速記法 #研發 #工作效率 #創意表達 #記錄方法 #提升創造力

由於在 AI 工具盛行的世界裡，製作內容不再是一件困難的事，如果創作者對於自己的文案內容不滿意，也可以透過 ChatGPT 來改寫文案，這樣的過程可以不斷優化文案，提供更優質、精準的內容呈現，以滿足您的期望和需求。

ChatGPT 與 SEO 的超強整合攻略

👤 提問：

請以油漆式速記法發明人的身分精鍊改寫底下的文字，100 字以內

記憶大量資訊就好像刷油漆一樣，必須以一面牆為單位，反覆多層次的刷，刷出來的牆才會均勻漂亮。油漆式速記法就是將刷油漆的概念應用在快速記憶，是一種「大量、全腦、多層次迴轉」的速讀與速記方法，它利用右腦圖像直覺聯想，與結合左腦理解思考練習，搭配高速大量迴轉與多層次題組切換式複習，達到全腦學習奇蹟式的相乘效果。因此，簡單易學的油漆式速記法，其記憶速度有如風馳電轍般的臺灣高鐵。

油漆式速記法應用在單字速記的原理，結合了高速的速讀，並配合大量的迴轉複習，達到快速記憶的目的。希望透過眼球的快速移動、視幅擴大、定點閃字、不定點閃字、多字同步顯示的面積式速讀、色彩刺激及瞬間感知能力的訓練，再同步配合多重感官的刺激，迅速將單字記憶轉換為長期記憶。

油漆式速記多國語言雲端學習系統。這套系統是利用本公司獨家發明的油漆式速記法原理所建構完成，配合教育部的全英語授課（English as a Medium of Instruction, EMI）與國際教育政策，內容包含了國內外十幾種著名的英語檢定與 20 種第二外語相關檢定及本土語學習系統（日、韓、德、西、法、越、泰、印尼、臺語…等），目前已開放六大類試用版本。

ChatGPT 回答：

 記憶就像刷牆一樣，需要以一面牆為單位，反覆多層次的刷，才能獲得均勻漂亮的結果。油漆式速記法則將這個概念應用在快速記憶上，結合「大量、全腦、多層次迴轉」的速讀與速記方法。透過右腦圖像聯想和左腦理解思考的結合，搭配高速迴轉和多層次題組切換的複習方式，實現全腦學習的奇蹟效果。簡單易學的油漆式速記法，讓記憶速度猶如臺灣高鐵般迅猛。

油漆式速記法應用在單字速記上，結合高速速讀和大量迴轉複習，以達到快速記憶的目的。透過眼球的快速移動、視幅的擴大、定點和不定點閃字的訓練，以及面積式速讀、色彩刺激和瞬間感知能力的配合，將單字快速轉化為長期記憶。

本公司開發了油漆式速記多國語言雲端學習系統，採用獨家發明的油漆式速記法原理。該系統配合教育部的全英語授課(EMI)和國際教育政策，包含國內外多種英語檢定和第二外語相關檢定，還有本土語言學習系統，如日語、韓語、德語、西班牙語、法語、越南語、泰語、印尼語、臺語等。目前已提供六大類試用版本，讓您享受油漆式速記法帶來的學習效果。

8-5-7 301 轉址程式碼生成

301 轉址（301 redirect）是將一個 URL 永久重新導向 / 跳轉到另一個 URL，ChatGPT 也可以幫助行銷人員生成 301 轉址程式碼，這對於網站重定向和頁面重組非常有用。所謂 htaccess 301 重新導向轉址規則是指在網站的 .htaccess 檔案中設置規則，能夠幫助我們透過簡單的幾行程式碼，就能輕鬆的寫入 Redirect 規則，實現 301 轉址，並以 301 永久重定向的方式進行。各位利用 ChatGPT 只要透過簡單的文字指令，快速生成所需的程式碼，無需擁有深厚的程式基礎。

👤 提問：

> 請幫我生成 .htaccess 301 重新導向規則：將 /index.html 轉址到 /zct_add/、將 intro.zct.com.tw 子網域轉址到 zct.com.tw 子網域

ChatGPT 回答：

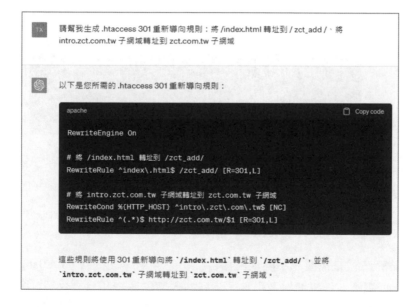

8-5-8 提供 robots.txt 建議

robots.txt 是一個文本文件（ASCII 編碼的文字檔案），位於網站的根目錄下，不過不是每個網站都要必備，主要用於告知網路爬蟲，會先嘗試擷取 robots.txt 檔案，尋求檢索權限，哪些頁面可以存取，哪些頁面不應該被存取，確保搜索引

擎能夠正確理解並遵守網站的爬取規則。至於提供 robots.txt 設置建議是指根據網站的需求和目標，為 robots.txt 檔案提供相應的設定，以控制搜尋引擎爬取和索引網站的行為。同時確保重要的網頁被正確索引，不希望被索引的頁面被排除在外。

👤 提問：

請幫我生成 robots.txt 規則，以下是所需的 robots.txt 規則，以阻止搜尋引擎索引指定的頁面或檔案：禁止索引 /wp-admin/ 目錄下的所有內容，禁止索引包含 /feed/ 目錄的所有頁面，以及禁止索引任何 svg 檔案。

ChatGPT 回答：

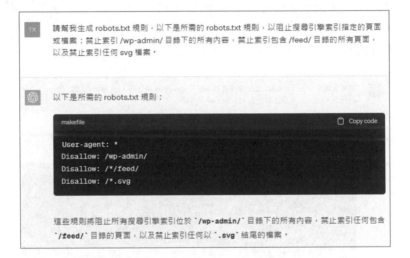

8-5-9　自動生成 hreflang 標籤

商業網站有時候是需要為不同地區語言提供不同版本的內容，hreflang 標籤是一種 HTML 屬性，能幫助搜索引擎了解網站內容的語言和目標受眾，多半用於指示不同語言版本的頁面之間的關係，也是優化網站以實現國際化 SEO 的關鍵步驟。網站管理者透過多語言標籤生成器，可以輸入相應的語言版本和對應的 URL，能夠告訴搜尋引擎網站的某些頁面使用的是何種語言，然後工具會根據這些資訊自動產生正確的 hreflang 標籤，標籤能指明頁面的語言和目標受眾的位置，使得用戶能夠更容易地找到他們所需的語言版本頁面，除了提高搜索引擎排名外，大幅提升用戶體驗。

提問：

請幫我生成多語言標籤生成器 -hreflang 標籤，包含語言及地區代碼，並將預設語言設定為繁體中文的台灣，其他語系包含使用英文的美國、使用日文的日本、使用韓文的韓國、使用越南文的越南、使用印尼文的印尼、使用泰文的泰國

ChatGPT 回答：

多語言標籤生成器是一個方便的工具，用於生成多語言網站所需的 hreflang 標籤，這些標籤包含了語言及地區代碼，以幫助搜尋引擎理解網站的不同語言版本。

以下是根據您提供的需求生成的多語言標籤範例：

```html
<!-- 繁體中文 - 台灣 -->
<link rel="alternate" hreflang="zh-TW" href="https://example.com/" />

<!-- 英文 - 美國 -->
<link rel="alternate" hreflang="en-US" href="https://example.com/en-us/" />

<!-- 日文 - 日本 -->
<link rel="alternate" hreflang="ja-JP" href="https://example.com/ja-jp/" />

<!-- 韓文 - 韓國 -->
<link rel="alternate" hreflang="ko-KR" href="https://example.com/ko-kr/" />

<!-- 越南文 - 越南 -->
<link rel="alternate" hreflang="vi-VN" href="https://example.com/vi-vn/" />

<!-- 印尼文 - 印尼 -->
<link rel="alternate" hreflang="id-ID" href="https://example.com/id-id/" />

<!-- 泰文 - 泰國 -->
<link rel="alternate" hreflang="th-TH" href="https://example.com/th-th/" />

<!-- 預設語言 - 繁體中文 - 台灣 -->
<link rel="alternate" hreflang="x-default" href="https://example.com/" />
```

這些 hreflang 標籤可以放置在您網站的 <head> 標籤中。透過指定正確的 hreflang 屬性值，搜尋引擎將能夠辨識並顯示適當的語言和地區版本給使用者。請根據您的網站架構和頁面路徑，調整 href 屬性的值以確保正確連結到每個語言和地區的頁面。

附 **A** 錄

最夯網路行銷
與 **SEO** 專業術語

每個行業都有該領域的專業術語，數位行銷業與 SEO 領域也不例外，面對一個已經成熟的數位行銷環境，通常不是經常在電子商務領域工作的從業人員，對這些術語可能就沒這麼熟悉了，以下我們特別整理出這個領域中常見的專業術語：

- Accelerated Mobile Pages，AMP（加速行動網頁）：是 Google 的一種新項目，網址前面顯示一個小閃電型符號，設計的主要目的是在追求效率，就是簡化版 HTML，透過刪掉不必要的 CSS 以及 JavaScript 功能與來達到速度快的效果，對於圖檔、文字字體、特定格式等限定，網頁如果有製作 AMP 頁面，幾乎不需要等待就能完整瀏覽頁面與加載完成，因此 AMP 也有加強 SEO 作用。

- Active User（活躍使用者）：在 Google Analytics「活躍使用者」報表可以讓分析者追蹤 1 天、7 天、14 天或 28 天內有多少使用者到您的網站拜訪，進而掌握使用者在指定的日期內對您網站或應用程式的熱衷程度。

- Ad Exchange（廣告交易平台）：類似一種股票交易平臺的概念運作，讓廣告賣方和聯繫在一起，在此進行媒合與競價。

- Advertising（廣告主）：出錢買廣告的一方，例如最常見的電商店家。

- Agency（代理商）：有些廣告對於廣告投放沒有任何經驗，通常會選擇直接請廣告代理商來幫忙規劃與操作。

- Affiliate Marketing（聯盟行銷）：在歐美是已經廣泛被運用的廣告行銷模式，是一種讓網友與商家形成聯盟關係的新興數位行銷模式，廠商與聯盟會員利用聯盟行銷平台建立合作夥伴關係，讓沒有產品的推廣者也能輕鬆幫忙銷售商品。

- App Store：是蘋果公司針對使用 iOS 作業系統的系列產品，讓用戶可透過手機或上網購買或免費試用裡面 App。

- Apple Pay：是 Apple 的一種手機信用卡付款方式，只要使用該公司推出的 iPhone 或 Apple Watch（iOS 9 以上）相容的行動裝置，並將自己卡號輸入 iPhone 中的 Wallet App，經過驗證手續完畢後，就可以使用 Apple Pay 來購物，還比傳統信用卡來得安全。

- Application（APP）：就是軟體開發商針對智慧型手機及平版電腦所開發的一種應用程式，APP 涵蓋的功能包括了圍繞於日常生活的的各項需求。

- Application Service Provider，ASP（**應用軟體租賃服務業**）：只要可以透過網際網路或專線，以租賃的方式向提供軟體服務的供應商承租，定期僅需固定支付租金，即可迅速導入所需之軟體系統，並享有更新升級的服務。

- Artificial Intelligence，AI（**人工智慧**）：人工智慧的概念最早是由美國科學家 John McCarthy 於 1955 年提出，目標為使電腦具有類似人類學習解決複雜問題與展現思考等能力，也就是由電腦所模擬或執行，具有類似人類智慧或思考的行為，例如推理、規畫、問題解決及學習等能力。

- Asynchronous JavaScript and XML，AJAX：是一種新式動態網頁技術，結合了 Java 技術、XML 以及 JavaScript 技術，類似 DHTML。可提高網頁開啟的速度、互動性與可用性，並達到令人驚喜的網頁特效。

- Augmented Reality，AR（**擴增實境**）：就是一種將虛擬影像與現實空間互動的技術，透過攝影機影像的位置及角度計算，在螢幕上讓真實環境中加入虛擬畫面，強調的不是要取代現實空間，而是在現實空間中添加一個虛擬物件，並且能夠即時產生互動，各位應該看過電影鋼鐵人在與敵人戰鬥時，頭盔裡會自動跑出敵人路徑與預估火力，就是一種 AR 技術的應用。

- Average Order Value，AOV（**平均訂單價值**）：所有訂單帶來收益的平均金額，AOV 越高當然越好。

- Avg.Session Duration（**平均工作階段時間長度**）：「平均工作階段時間長度」是指所有工作階段的總時間長度（秒）除以工作階段總數所求得的數值。網站訪客平均單次存取停留時間，這個時間當然是越長越好。

- Avg. Time on Page（**平均網頁停留時間**）：是用來顯示訪客在網站特定網頁上的平均停留時間。

- Backlink（**反向連結**）：「反向連結」（Backlink）就是從其他網站連到你的網站的連結，如果你的網站擁有優質的反向連結（例如：新聞媒體、學校、大企業、政府網站），代表你的網站越多人推薦，當反向連結的網站越多、就越被搜尋引擎所重視。

- Bandwidth（**頻寬**）：是指固定時間內網路所能傳輸的資料量，通常在數位訊號中是以 bps 表示，即每秒可傳輸的位元數（bits per second）

- Banner Ad（**橫幅廣告**）：最常見的收費廣告，自 1994 年推出以來就廣獲採用至今，在所有與品牌推廣有關的網路行銷手段中，橫幅廣告的作用最為直接，主要利用在網頁上的固定位置，至於橫幅廣告活動要能成功，全賴廣告素材的品質。

- Beacon：是種藉由低功耗藍牙技術（Bluetooth Low Energy，BLE），藉由室內定位技術應用，可做為物聯網和大數據平台的小型串接裝置，具有主動推播行銷應用特性，比 GPS 有更精準的微定位功能，是連結店家與消費者的重要環節，只要手機安裝特定 App，透過藍芽接收到代碼便可觸發 App 做出對應動作，可以包括在室內導航、行動支付、百貨導覽、人流分析、物品追蹤等近接感知應用。

- Big data（**大數據**）：由 IBM 於 2010 年提出，大數據不僅僅是指更多資料而已，主要是指在一定時效（Velocity）內進行大量（Volume）且多元性（Variety）資料的取得、分析、處理、保存等動作，主要特性包含三種層面：大量性（Volume）、速度性（Velocity）及多樣性（Variety）。

- Black hat SEO（**黑帽 SEO**）：「黑帽 SEO」（Black hat SEO）是指有些手段較為激進的 SEO 做法，希望透過欺騙或隱瞞搜尋引擎演算法的方式，獲得排名與免費流量，常用的手法包括在建立無效關鍵字的網頁、隱藏關鍵字、關鍵字填充、購買舊網域、不相關垃圾網站建立連結或付費購買連結等。

- Bots Traffic（**機器人流量**）：非人為產生的作假流量，就是機器流量的俗稱。

- Bounce Rate（**跳出率、彈出率**）：是指單頁造訪率，也就是訪客進入網站後在固定時間內（通常是 30 分鐘）只瀏覽了一個網頁就離開網站的次數百分比，這個比例數字越低越好，愈低表示你的內容抓住網友的興趣跳出率太高多半是網站設計不良所造成。

- Breadcrumb Trail（**麵包屑導覽列**）：也稱為導覽路徑，是一種基本的橫向文字連結組合，透過層級連結來帶領訪客更進一步瀏覽網站的方式，對於提高用戶體驗來說，是相當有幫助。

- **Business to Business,B2B（企業對企業間）**：指的是企業與企業間或企業內透過網際網路所進行的一切商業活動。例如上下游企業的資訊整合、產品交易、貨物配送、線上交易、庫存管理等。

- **Business to Customer,B2C（企業對消費者間）**：是指企業直接和消費者間的交易行為，一般以網路零售業為主，將傳統由實體店面所銷售的實體商品，改以透過網際網路直接面對消費者進行實體商品或虛擬商品的交易活動，大大提高了交易效率，節省了各類不必要的開支。

- **Button Ad（按鈕式廣告）**：是一種小面積的廣告形式，因為收費較低，較符合無法花費大筆預算的廣告主，例如 Call-to-Action,CAT（行動號召）鈕就是一個按鈕式廣告模式，就是希望召喚消費者去採取某些有助消費的活動。

- **Buzz Marketing（話題行銷）**：或稱蜂鳴行銷和口碑行銷類似，企業或品牌利用最少的方法主動進行宣傳，在討論區引爆話題，造成人與人之間的口耳相傳，如蜜蜂在耳邊嗡嗡作響的 buzz，然後再吸引媒體與銷非者熱烈討論。

- **Call-to-Action,CAT（行動號召）**：希望訪客去達到某些目的的行動，就是希望召喚消費者去採取某些有助消費的活動，例如故意將訪客引導至網站策劃的「到達頁面」（Landing Page），會有特別的 CAT，讓訪客參與店家企畫的活動。

- **Cascading Style Sheets,CSS**：一般稱之為串聯式樣式表，其作用主要是為了加強網頁上的排版效果（圖層也是 CSS 的應用之一），可以用來定義 HTML 網頁上物件的大小、顏色、位置與間距，甚至是為文字、圖片加上陰影等等功能。

- **Channel Grouping（管道分組）**：因為每一個流量的來源特性不一致，而且網路流量的來源可能非常多種管道，為了有效管理及分析各個流量的成效，就有必要將流量根據它的性質來加以分類，這就是所謂的管道分組（Channel Grouping）。

- **Churn Rate（流失率）**：代表你的網站中一次性消費的顧客，佔所有顧客裡面的比率，這個比率當然是越低越好。

- **Click（點擊數）**：是指網路用戶使用滑鼠點擊某個廣告的次數，每點選一次即稱為 One Click。

- Click Through Rate，CTR（**點閱率**）：或稱為點擊率，是指在廣告曝光的期間內有多少人看到廣告後決定按下的人數百分比，也就是是指廣告獲得的點擊次數除以曝光次數的點閱百分比，可作為一種衡量網頁熱門程度的指標。

- Cloud Computing（**雲端運算**）：已經被視為下一波電子商務與網路科技結合的重要商機，雲端運算時代來臨將大幅加速電子商務市場發展，「雲端」其實就是泛指「網路」，來表達無窮無際的網路資源，代表了龐大的運算能力。

- Cloud Service（**雲端服務**）：其實就是「網路運算服務」，如果將這種概念進而衍伸到利用網際網路的力量，透過雲端運算將各種服務無縫式的銜接，讓使用者可以連接與取得由網路上多台遠端主機所提供的不同服務。

- Computer Version，CV（**電腦視覺**）：CV 是一種研究如何使機器「看」的系統，讓機器具備與人類相同的視覺，以做為產品差異化與大幅提升系統智慧的手段。

- Content Marketing（**內容行銷**）：滿足客戶對資訊的需求，與多數傳統廣告相反，是一門與顧客溝通但不做任何銷售的藝術，就在於如何設定內容策略，可以既不直接宣傳產品，不但能達到吸引目標讀者，又能夠圍繞在產品周圍，並且讓消費者喜歡，最後驅使消費者採取購買行動的行銷技巧，形式可以包括文章、圖片、影片、網站、型錄、電子郵件等。

- Conversion Rate Optimization，CRO（**轉換優化**）：則是藉由讓網站內容優化來提高轉換率，達到以最低的成本得到最高的投資報酬率。轉換優化是數位行銷當中至關重要的環節，涉及了解使用者如何在您的網站上移動與瀏覽細節，電商品牌透過優化每一個階段的轉換率，讓顧客對瀏覽的體驗過程更加滿意，提升消費者購買的意願，一步步地把訪客轉換為顧客。

- Cookie（**餅乾**）：小型文字檔，網站經營者可以利用 Cookies 來瞭解到使用者的造訪記錄，例如造訪次數、瀏覽過的網頁、購買過哪些商品等。

- Cost of Acquiring，CAC（**客戶購置成本**）：所有說服顧客到你的網店購買之前所有投入的花費。

- Crowdfunding（**群眾集資**）：群眾集資就是過群眾的力量來募得資金，使 C2C 模式由生產銷售模式，延伸至資金募集模式，以群眾的力量共築夢想，來支

持個人或組織的特定目標。近年來群眾募資在各地掀起浪潮，募資者善用網際網路吸引世界各地的大眾出錢，用小額贊助來尋求贊助各類創作與計畫。

- Customization（客制化）：是廠商依據不同顧客的特性而提供量身訂製的產品與不同的服務，消費者可在任何時間和地點，透過網際網路進入購物網站買到各種式樣的個人化商品。

- Conversion Rate，CR（轉換 ）：網路流量轉換成實際訂單的比率，訂單成交次數除以同個時間範圍內帶來訂單的廣告點擊總數，就是從網路廣告過來的訪問者中最終成交客戶的比率。

- Cross-Border Ecommerce（跨境電商）：是全新的一種國際電子商務貿易型態，也就是消費者和賣家在不同的關境（實施同一海關法規和關稅制度境域）交易主體，透過電子商務平台完成交易、支付結算與國際物流送貨、完成交易的一種國際商業活動，讓消費者滑手機，就能直接購買全世界任何角落的商品。

- Cross-selling（交叉銷售）：當顧客進行消費的時候，發現顧客可能有多種需求時，說服顧客增加花費而同時售賣出多種相關的服務及產品。

- Computer Version，CV（電腦視覺）：是一種研究如何使機器「看」的系統，讓機器具備與人類相同的視覺，以做為產品差異化與大幅提升系統智慧的手段。

- Content Marketing（內容行銷）：內容行銷是一門與顧客溝通但不做任何銷售的藝術，形式可以包括文章、圖片、影片、網站、型錄、電子郵件等，必須避免直接明示產品或服務，透過消費者感興趣的內容來潛移默化傳遞品牌價值，更容易帶來長期的行銷效益，甚至進一步讓人們主動幫你分享內容，以達到產品行銷的目的。

- Conversion Rate（轉換率）：就是網路流量轉換成實際訂單的比率，訂單成交次數除以同個時間範圍內帶來訂單的廣告點擊總數。

- Cost per Action CPA（回應數收費）：廣告店家付出的行銷成本是以實際行動效果來計算付費，例如註冊會員、下載 APP、填寫問卷等。畢竟廣告對店家而言，最實際的就是廣告期間帶來的訂單數，可以有效降低廣告店家的廣告投放風險。

- Cost Per Click，CPC（**點擊數收費**）：一種按點擊數付費廣方式，是指搜尋引擎的付費競價排名廣告推廣形式，就是按照點擊次數計費，不管廣告曝光量多少，沒人點擊就不用付錢。例如關鍵字廣告一般採用這種定價模式，不過這種方式比較容易作弊，經常導致廣告店家利益受損。

- Cost per Impression，CPI（**播放數收費**）：傳統媒體多採用這種計價方式，是以廣告總共播放幾次來收取費用，通常對廣告店家較不利，不過由於手機播放較容易吸引用戶的注意，仍然有些行動廣告是使用這種方式。

- Cost per Mille，CPM（**廣告千次曝光費用**）：全文應該是 Cost per Mille Impression，指廣告曝光一千次所要花費的費用，就算沒有產生任何點擊，要千次曝光就會計費，通常多在數百元之間。

- Cost per Sales，CPS（**實際銷售筆數付費**）：近年日趨流行的計價收方式，按照廣告點擊後產生的實際銷售筆數付費，也就是點擊進入廣告不用收費，算是一種 CPA 的變種廣告方式，目前相當受到許多電子商務網站歡迎，例如各大網路商城廣告。

- Cost Per Lead，CPL（**每筆名單成本**）：以收集潛在客戶名單的數量來收費，也算是一種 CPC 的變種方式，例如根據聯盟行銷的會員數推廣效果來付費。

- Cost Per Response，CPR（**訪客留言付費**）：根據每位訪客留言回應的數量來付費，這種以訪客的每一個回應計費方式是屬於輔助銷售的廣告模式。

- Coverage Rate（**覆蓋率**）：一個用來記錄廣告實際與希望觸及到了多少人的百分比。

- Creative Commons，CC（**創用 CC**）：是源自著名法律學者美國史丹佛大學 Lawrence Lessig 教授於 2001 年在美國成立 Creative Commons 非營利性組織，目的在提供一套簡單、彈性的「保留部分權利」（Some Rights Reserved）著作權授權機制。

- Customer's Lifetime value，CLV（**顧客終身價值**）：是指每一位顧客未來可能為企業帶來的所有利潤預估值，也就是透過購買行為，企業會從一個顧客身上獲得多少營收。

- Customer Relationship Management，CRM（**顧客關係管理**）：顧客關係管

理（CRM）是由 Brian Spengler 在 1999 年提出，最早開始發展顧客關係管理的國家是美國。CRM 的定義是指企業運用完整的資源，以客戶為中心的目標，讓企業具備更完善的客戶交流能力，透過所有管道與顧客互動，並提供適當的服務給顧客。

- Customer-to-Busines，C2B（**消費者對企業型電子商務**）：是一種將消費者帶往供應者端，並產生消費行為的電子商務新類型，也就是主導權由廠商手上轉移到了消費者手中。

- Customer-to-Customer，C2C（**客戶對客戶型的電子商務**）：就是個人使用者透過網路供應商所提供的電子商務平臺與其他消費者者進行直接交易的商業行為，消費者可以利用此網站平臺販賣或購買其他消費者的商品。

- Cybersquatter（**網路蟑螂**）：近年來網路出現了出現了一群搶先一步登記知名企業網域名稱的「網路蟑螂」（Cybersquatter），讓網域名稱爭議與搶註糾紛日益增加，不願妥協的企業公司就無法取回與自己企業相關的網域名稱。

- Database Marketing（**資料庫行銷**）：是利用資料庫技術動態的維護顧客名單，並加以尋找出顧客行為模式和潛在需求，也就是回到行銷最基本的核心 - 分析消費者行為，針對每個不同喜好的客戶給予不同的行銷文宣以達到企業對目標客戶的需求供應。

- Data Highlighter（**資料螢光筆**）：是一種 Google 網站管理員工具，讓您以點選方式進行操作，只需透過滑鼠就可以讓資料螢光筆標記網站上的重要資料欄位（如標題、描述、文章、活動等）。

- Data Mining（**資料探勘**）：則是一種資料分析技術，可視為資 庫中知 發掘的一種工具，可以從一個大型資料庫所儲存的資料中萃取出有價值的知識，廣泛應用於各行各業中，現代商業及科學領域都有許多相關的應用。

- Data Warehouse（**資料倉儲**）：於 1990 年由資料倉儲 Bill Inmon 首次提出，是以分析與查詢為目的所建置的系統，目的是希望整合企業的內部資料，並綜合各種外部資料，經由適當的安排來建立一個資料儲存庫。

- Data Manage Platform，DMP（**數據管理平台**）：主要應用於廣告領域，是指將分散的大數據進行整理優化，確實拼湊出顧客的樣貌，進而再使用來投放精準的受眾廣告，在數位行銷領域扮演重要的角色。

- Data Science（資料科學）：就是為企業組織解析大數據當中所蘊含的規律，就是研究從大量的結構性與非結構性資料中，透過資料科學分析其行為模式與關鍵影響因素，也就是在模擬決策模型，進而發掘隱藏在大數據資料背後的商機。

- Deep Learning，DL（深度學習）：算是 AI 的一個分支，也可以看成是具有層次性的機器學習法，源自於類神經網路（Artificial Neural Network）模型，並且結合了神經網路架構與大量的運算資源，目的在於讓機器建立與模擬人腦進行學習的神經網路，以解釋大數據中圖像、聲音和文字等多元資料。

- Demand Side Platform，DSP（需求方服務平台）：可以讓廣告主在平台上操作跨媒體的自動化廣告投放，像是設置廣告的目標受眾、投放的裝置或通路、競價方式、出價金額等等。

- Differentiated Marketing（差異化行銷）：現代企業為了提高行銷的附加價值，開始對每個顧客量身打造產品與服務，塑造個人化服務經驗與採用差異化行銷（Differentiated Marketing），蒐集並分析顧客的購買產品與習性，並針對不同顧客需求提供產品與服務，為顧客提供量身訂做式的服務。

- Digital Marketing（數位行銷）：或稱為網路行銷（Internet Marketing），是一種雙向的溝通模式，能幫助無數電商網站創造訂單創造收入，本質其實和傳統行銷一樣，最終目的都是為了影響目標消費者（Target Audience），主要差別在於行銷溝通工具不同，現在則可透過網路通訊的數位性整合，使文字、聲音、影像與圖片可以結合在一起，讓行銷的標的變得更為生動與即時。

- Dimension（維度）：Google Analytics 報表中所有的可觀察項目都稱為「維度（Dimension）」，例如訪客的特徵：這位訪客是來自哪一個國家 / 地區，或是這位訪客是使用哪一種語言。

- Direct Traffic（直接流量）：指訪問者直接輸入網址 產生的流量，例如透過別人的電子郵件，然後透過信件中的連結到你的網站。

- Directory listing submission，DLS（網站登錄）：如果想增加網站曝光率，最簡便的方式可以在知名的入口網站中登錄該網站的基本資料，讓眾多網友可以透過搜尋引擎找到，稱為「網站登錄」（Directory listing submission，DLS）。國內知名的入口及搜尋網站如 PChome、Google、Yahoo! 奇摩等，都提供有網站資訊登錄的服務。

- Down-sell（**降價銷售**）：當顧客對於銷售產品或服務都沒有興趣時，唯一一個銷售策略就是降價銷售。

- E-commerce ecosystem（**電子商務生態系統**）：則是指以電子商務為主體結合商業生態系統概念。

- E-Distribution（**電子配銷商**）：是最普遍也最容 了解的網 市集，將 千家供應商的產品整合到單一線上電子型 ，一個銷售者服務多家企業，主要優點是銷售者可以為大量的客戶提供更好的服務，將 千家供應商的產品整合到單一電子型 上。

- E-Learning（**數位學習**）：是指在網際網路上建立一個方便的學習環境，在線上存取流通的數位教材，進行訓練與學習，讓使用者連上網路就可以學習到所需的知識，且與其他學習者互相溝通，不受空間與時間限制，也是知識經濟時代提升人力資源價值的新利器，可以讓學習者學習更方便、自主化的安排學習課程。

- Electronic Commerce，EC（**電子商務**）：就是一種在網際網路上所進行的交易行為，等與「電子」加上「商務」，主要是將供應商、經銷商與零售商結合在一起，透過網際網路提供訂單、貨物及帳務的流動與管理。

- Electronic Funds Transfer，EFT（**電子資金移轉或稱為電子轉帳**）：使用電腦及網路設備，通知或授權金融機構處理資金往來帳戶的移轉或調撥行為。例如在電子商務的模式中，金融機構間之電子資金移轉（EFT）作業就是一種 B2B 模式。

- Electronic Wallet（**電子錢包**）：是一種符合安全電子交易的電腦軟體，就是你在網路上購買東西時，可直接用電子錢包付錢，而不會看到個人資料，將可有效解決網路購物的安全問題。

- Email Direct Marketing（**電子報行銷**）：依舊是企業經營老客戶的主要方式，多半是由使用者訂閱，再經由信件或網頁的方式來呈現行銷訴求。由於電子報費用相對低廉，加上可以追蹤，這種作法將會大大的節省行銷時間及提高成交率。

- Email Marketing（**電子郵件行銷**）：含有商品資訊的廣告內容，以電子郵件的方式寄給不特定的使用者，除擁有成本低廉的優點外，更大的好處其實是

最夯網路行銷與 SEO 專業術語

能夠發揮「病毒式行銷」（Viral Marketing）的威力，創造互動分享（口碑）的價值。

- **E-Market Place（電子交易市集）**：在全球電子商務發展中所扮演的角色日趨重要，改變了傳統商場的交易模式，透過網路與資訊科技輔助所形成的虛擬市集，本身是一個網路的交易平台，具有能匯集買主與供應商的功能，其實就是一個市場，各種買賣都在這裡進行。

- **Engaged time（互動時間）**：了解網站內容和瀏覽者的互動關係，最理想的方式是紀錄他們實際上在網站互動與閱讀內容的時間。

- **Enterprise Information Portal，EIP（企業資訊入口網站）**：是指在 Internet 的環境下，將企業內部各種資源與應用系統，整合到企業資訊的單一入口中。EIP 也是未來行動商務的一大利器，以企業內部的員工為對象，只要能夠無線上網，為顧客提供服務時，一旦臨時需要資料，都可以馬上查詢，讓員工幫你聰明地賺錢，還能更多元化的服務員工。

- **E-Procurement（電子採購商）**：是擁有的許多線上供應商的獨 第三方仲介，因為它們會同時包含競爭供應商和競爭電子配銷商的型 ，主要優點是可以透過賣方的競標，達到降低價格的目的，有利於買方來控制價格。

- **E-Tailer（線上零售商）**：是銷售產品與服務給個別消費者，而賺取銷售的收入，使製造商 容 地直接銷售產品給消費者，而除去中間商的部份。

- **Exit Page（離開網頁）**：離開網頁是指於使用者工作階段中最後一個瀏覽的網頁。是指使用者瀏覽網站的過程中，訪客離開網站的最終網頁的機率。也就是說，離開率是計算網站多個網頁中的每一個網頁是訪客離開這個網站的最後一個網頁的比率。

- **Exit Rate（離站率）**：訪客在網站上所有的瀏覽過程中，進入某網頁後離開網站的次數，除以所有進入包含此頁面的總次數。

- **Expert System，ES（專家系統）**：是一種將專家（如醫生、會計師、工程師、證券分析師）的經驗與知識建構於電腦上，以類似專家解決問題的方式透過電腦推論某一特定問題的建議或解答。例如環境評估系統、醫學診斷系統、地震預測系統等都是大家耳熟能詳的專業系統。

- **eXtensible Markup Language，XML（可延伸標記語言）**：中文譯為「可延

伸標記語言」，可以定義每種商業文件的格式，並且能在不同的應用程式中都能使用，由全球資訊網路標準制定組織 W3C，根據 SGML 衍生發展而來，是一種專門應用於電子化出版平台的標準文件格式。

- External Link（反向連結）：就是從其他網站連到你的網站的連結，如果你的網站擁有優質的反向連結（例如：新聞媒體、學校、大企業、政府網站），代表你的網站越多人推薦，當反向連結的網站越多、就越被搜尋引擎所重視。

- Extranet（商際網路）：是為企業上、下游各相關策略聯盟企業間整合所構成的網路，需要使用防火牆管理，通常 Extranet 是屬於 Intranet 的子網路，可將使用者延伸到公司外部，以便客戶、供應商、經銷商以及其它公司，可以存取企業網路的資源。

- Featured Snippets（精選摘要）：Google 從 2014 年起，為了提升用戶的搜尋經驗與針對所搜尋問題給予最直接的解答，會從前幾頁的搜尋結果節錄適合的答案，並在 SERP 頁面最顯眼的位置產生出內容區塊（第 0 個位置），通常會以簡單的文字、表格、圖片、影片，或條列解答方式，內容包括商品、新聞推薦、國際匯率、運動賽事、電影時刻表、產品價格、天氣，與知識問答等，還會在下方帶出店家網站標題與網址。

- Fifth-Generation（5G）：是行動電話系統第五代，也是 4G 之後的延伸，5G 技術是整合多項無線網路技術而來，包括幾乎所有以前幾代行動通訊的先進功能，對一般用戶而言，最直接的感覺是 5G 比 4G 又更快、更不耗電，預計未來將可實現 10Gbps 以上的傳輸速率。這樣的傳輸速度下可以在短短 6 秒中，下載 15GB 完整長度的高畫質電影。

- File Transfer Protocol，FTP（檔案傳輸協定）：透過此協定，不同電腦系統，也能在網際網路上相互傳輸檔案。檔案傳輸分為兩種模式：下載（Download）和上傳（Upload）。

- Financial Electronic Data Interchange，FEDI（金融電子資料交換）：是一種透過電子資料交換方式進行企業金融服務的作業介面，就是將 EDI 運用在金融領域，可作為電子轉帳的建置及作業環境。

- Filter（過濾）：是指捨棄掉報表上不需要或不重要的數據。

最夯網路行銷與 SEO 專業術語

- Followers（追蹤訂閱）：增加訂閱人數，主動將網站新資訊傳送給他們，是提高品牌忠誠度與否的一大指標。

- Fourth-Generation（4G）：行動電話系統的第四代，是 3G 之後的延伸，為新一代行動上網技術的泛稱，傳輸速度理論值約比 3.5G 快 10 倍以上，能夠達成更多樣化與私人化的網路應用。LTE（Long Term Evolution，長期演進技術）是全球電信業者發展 4G 的標準。

- Fragmentation Era（碎片化時代）：代表現代人的生活被很多碎片化的內容所切割，因此想要抓住受眾的眼球越來越難，同樣的品牌接觸消費者的地點也越來越不固定，接觸消費者的時間越來越短暫，碎片時間搖身一變成為贏得消費者的黃金時間。

- Fraud（作弊）：特別是指流量作弊。

- Gamification Marketing（遊戲化行銷）：是指將遊戲中有好玩的元素與機制，透過行銷活動讓受眾「玩遊戲」，同時深化參與感，將你的目標客戶緊緊黏住，因此成了各個品牌不斷探索的新行銷模式。

- Google AdWords（關鍵字廣告）：是一種 Google 推出的關鍵字行銷廣告，包辦所有 google 的廣告投放服務，例如您可以根據目標決定出價策略，選擇正確的廣告出價類型，例如是否要著重在獲得點擊、曝光或轉換。Google Adwords 的運作模式就好像世界級拍賣會，瞄準你想要購買的關鍵字，出一個你覺得適合的價格，如果你的價格比別人高，你就有機會取得該關鍵字，並在該關鍵字曝光你的廣告。

- Google Analytics，GA：Google 所提供的 Google Analytics（GA）就是一套免費且功能強大的跨平台網路行銷流量分析工具，能提供最新的數據分析資料，包括網站流量、訪客來源、行銷活動成效、頁面拜訪次數、訪客回訪等，幫助客戶有效追蹤網站數據和訪客行為，稱得上是全方位監控網站與 APP 完整功能的必備網站分析工具。

- Google Analytics Tracking Code（Google Analytics 追蹤碼）：這組追蹤碼會追蹤到訪客在每一頁上所進行的行為，並將資料送到 Google Analytics 資料庫，再透過各種演算法的運算與整理，再將這些資料以儲存起來，並在 Google Analytics 以各種類型的報表呈現。

- Google Data Studio：是一套免費的資料視覺化製作報表的工具，它可以串接多種 Google 的資料，再將所取得的資料結合該工具的多樣圖表、版面配置、樣式設定…等功能，讓報表以更為精美的外觀呈現。

- Google Hummingbird（**蜂鳥演算法**）：蜂鳥演算法 與以前的熊貓演算法和企鵝演算法演算模式不同，主要是加入了自然語言處理（Natural Language Processing，NLP）的方式，讓 Google 使用者的查詢，與搜尋搜尋結果更精準且快速，還能打擊過度關鍵字填充，為大幅改善 Google 資料庫的準確性，針對用戶的搜尋意圖進行更精準的理解，去判讀使用者的意圖，期望是給用戶快速精確的答案，而不再是只是一大堆的相關資料。

- Google Play：Google 也推出針對 Android 系統所提供的一個線上應用程式服務平台 -Google Play，透過 Google Play 網頁可以尋找、購買、瀏覽、下載及評比使用手機免費或付費的 APP 和遊戲，Google Play 為一開放性平台，任何人都可上傳其所發發的應用程式。

- Google Panda（**熊貓演算法**）：熊貓演算法主要是一種確認優良內容品質的演算法，負責從搜索結果中刪除內容整體品質較差的網站，目的是減少內容農場或劣質網站的存在，例如有複製、抄襲、重複或內容不良的網站，特別是避免用目標關鍵字填充頁面或使用不正常的關鍵字用語，這些將會是熊貓演算法首要打擊的對象，只要是原創品質好又經常更新內容的網站，一定會獲得 Google 的青睞。

- Google Penguin（**企鵝演算法**）：我們知道連結是 Google SEO 的重要因素之一，企鵝演算法主要是為了避免垃圾連結與垃圾郵件的不當操縱，並確認優良連結品質的演算法，Google 希望網站的管理者應以產生優質的外部連結為目的，垃圾郵件或是操縱任何鏈接都不會帶給網站額外的價值，不要只是為了提高網站流量、排名，刻意製造相關性不高或虛假低品質的外部連結。

- Graphics Processing Unit，GPU（**圖形處理器**）：可説是近年來科學計算領域的最大變革，是指以圖形處理單元（GPU）搭配 CPU，GPU 則含有數千個小型且更高效率的 CPU，不但能有效處理平行運算（Parallel Computing），還可以大幅增加運算效能。

- Gray Hat SEO（**灰帽 SEO**）：是一種介於黑帽 SEO 跟白帽 SEO 的優化模式，簡單來說，就是會有一點投機取巧，卻又不會嚴重的犯規，用險招讓網

最夯網路行銷與 SEO 專業術語

站承擔較小風險，遊走於規則的「灰色地帶」，因為這樣可以利用某些技巧藉來提升網站排名，同時又不會被搜尋引擎懲罰到，例如一些連結建置、交換連結、適當反覆使用關鍵字（盡量不違反 Google 原則）等及改寫別人文章，不過仍保有一定可讀性，也是目前很多 SEO 團隊比較偏好的優化方式。

- Global Positioning System，GPS（**全球定位系統**）：是透過衛星與地面接收器，達到傳遞方位訊息、計算路程、語音導航與電子地圖等功能，目前有許多汽車與手機都安裝有 GPS 定位器作為定位與路況查詢之用。

- Growth Hacking（**成長駭客**）：主要任務就是跨領域地結合行銷與技術背景，直接透過「科技工具」和「數據」的力量來短時間內快速成長與達成各種增長目標，所以更接近「行銷 + 程式設計」的綜合體。成長駭客和傳統行銷相比，更注重密集的實驗操作和資料分析，目的是創造真正流量，達成增加公司產品銷售與顧客的營利績效。

- Hadoop：源自 Apache 軟體基金會（Apache Software Foundation）底下的開放原始碼計劃（Open Source Project），為了因應雲端運算與大數據發展所開發出來的技術，使用 Java 撰寫並免費開放原始碼，用來儲存、處理、分析大數據的技術，兼具低成本、靈活擴展性、程式部署快速和容錯能力等特點。

- Hashtag（**主題標籤**）：只要在字句前加上 #，便形成一個標籤，用以搜尋主題，是目前社群網路上相當流行的行銷工具，不但已經成為成為品牌行銷重要一環，可以利用時下熱門的關鍵字，並以 Hashtag 方式提高曝光率。

- Heat map（**熱度圖、熱感地圖**）：在一個圖上標記哪項廣告經常被點選，是獲得更多關注的部分，可瞭解使用者有興趣的瀏覽區塊。

- High Performance Computing，HPC（**高效能運算**）：能力則是透過應用程式平行化機制，就是在短時間內完成複雜、大量運算工作，專門用來解決耗用大量運算資源的問題。

- Horizontal Market（**水平式電子交易市集**）：水平式電子交易市集的產品是跨產業領域，可以滿足不同產業的客戶需求。此類網交易商品，都是一些具標準化流程與服務性商品，同時也比較不需要個別產業專業知識與銷售與服務，可以經由電子交易市集可進行統一採購，讓所有企業對非專業的共同業務進行採買或交易。

- Host Card Emulation，HCE（**主機卡模擬**）：Google 於 2013 年底所推出的行動支付方案，可以透過 APP 或是雲端服務來模擬 SIM 卡的安全元件。HCE（Host Card Emulation）的加入已經悄悄點燃了行動支付大戰，僅需 Android 5.0（含）版本以上且內建 NFC 功能的手機，申請完成後卡片資訊（信用卡卡號）將會儲存於雲端支付平台，交易時由手機發出一組虛擬卡號與加密金鑰來驗證，驗證通過後才能完成感應交易，能避免刷卡時卡片資料外洩的風險。

- Hotspot（**熱點**）：是指在公共場所提供無線區域網路（WLAN）服務的連結地點，讓大眾可以使用筆記型電腦或 PDA，透過熱點的「無線網路橋接器」（AP）連結上網際網路，無線上網的熱點愈多，無線上網的涵蓋區域便愈廣。

- Hunger Marketing（**飢餓行銷**）：是以「賣完為止、僅限預購」來創造行銷話題，製造產品一上市就買不到的現象，促進消費者購買該產品的動力，讓消費者覺得數量有限而不買可惜。

- Hypertext Markup Language，HTML：標記語言是一種純文字型態的檔案，以一種標記的方式來告知瀏覽器將以何種方式來將文字、圖像等多媒體資料呈現於網頁之中。通常要撰寫網頁的 HTML 語法時，只要使用 Windows 預設的記事本就可以了。

- Impression，IMP（**曝光數**）：經由廣告到網友所瀏覽的網頁上一次即為曝光數一次。

- Intellectual Property Rights，IPR（**智慧財產權**）：劃分為著作權、專利權、商標權等三個範疇進行保護規範，這三種領域保護的智慧財產權並不相同，在制度的設計上也有所差異，例如發明專利、文學和藝術作品、表演、錄音、廣播、標誌、圖像、產業模式、商業設計等等。

- Internal link（**內部連結**）：內部連結指的是在同一個網站上向另一個頁面的超連結對於在超連結前或後的文字或圖片。

- Internet（**網際網路**）：最簡單的說法就是一種連接各種電腦網路的網路，以 TCP/IP 為它的網路標準，也就是說只要透過 TCP/IP 協定，就能享受 Internet 上所有一致性的服務。網際網路上並沒有中央管理單位的存在，而是數不清的個人網路或組織網路，這網路聚合體中的每一成員自行營運與付擔費用。

- **Internet Bank（網路銀行）**：係指客戶透過網際網路與銀行電腦連線，無須受限於銀行營業時間、營業地點之限制，隨時隨地從事資金調度與理財規劃，並可充分享有隱密性與便利性，即可直接取得銀行所提供之各項金融服務，現代家庭中有許多五花八門的帳單，都可以透過電腦來進行網路轉帳與付費。

- **Internet Celebrity Marketing（網紅行銷）**：並非是一種全新的行銷模式，就像過去品牌找名人代言，主要是透過與藝人結合，提升本身品牌價值，相對於企業砸重金請明星代言，網紅的推薦甚至可以讓廠商業績翻倍，素人網紅似乎在目前的行動平台更具說服力，逐漸地取代過去以明星代言的行銷模式。

- **Internet Content Provider，ICP（線上內容提供者）**：是向消費者提供網際網路資訊服務和增值業務，主要提供有智慧財產權的數位內容產品與娛樂，包括期刊、雜誌、新聞、CD、影帶、線上遊戲等。

- **Internet of Things，IOT（物聯網）**：是近年資訊產業中一個非常熱門的議題，被認為是網際網路興起後足以改變世界的第三次資訊新浪潮，它的特性是將各種具裝置感測設備的物品，例如 RFID、環境感測器、全球定位系統（GPS）雷射掃描器等裝置與網際網路結合起來而形成的一個巨大網路系統，並透過網路技術讓各種實體物件、自動化裝置彼此溝通和交換資訊，也就是透過網路把所有東西都連結在一起。

- **Internet Marketing（網路行銷）**：藉由行銷人員將創意、商品及服務等構想，利用通訊科技、廣告促銷、公關及活動方式在網路上執行。

- **Intranet（企業內部網路）**：則是指企業體內的 Internet，將 Internet 的產品與觀念應用到企業組織，透過 TCP/IP 協定來串連企業內外部的網路，以 Web 瀏覽器作為統一的使用者界面，更以 Web 伺服器來提供統一服務窗口。

- **JavaScript**：是一種直譯式（Interpret）的描述語言，是在客戶端（瀏覽器）解譯程式碼，內嵌在 HTML 語法中，當瀏覽器解析 HTML 文件時就會直譯 JavaScript 語法並執行，JavaScript 不只能讓我們隨心所欲控制網頁的介面，也能夠與其他技術搭配做更多的應用。

- **jQuery**：是一套開放原始碼的 JavaScript 函式庫（Library），可以說是目前最受歡迎的 JS 函式庫，不但簡化了 HTML 與 JavaScript 之間與 DOM 文件的操

作，讓我們輕鬆選取物件，並以簡潔的程式完成想做的事情，也可以透過 jQuery 指定 CSS 屬性值，達到想要的特效與動畫效果。

- Keyword（關鍵字）：就是與各位網站內容相關的重要名詞或片語，也就是在搜尋引擎上所搜尋的一組字，例如企業名稱、網址、商品名稱、專門技術、活動名稱等。

- Keyword Advertisements（關鍵字廣告）：是許多商家網路行銷的入門選擇之一，它的功用可以讓店家的行銷資訊在搜尋關鍵字時，會將店家所設定的廣告內容曝光在搜尋結果最顯著的位置，讓各位以最簡單直接的方式，接觸到搜尋該關鍵字的網友所而產生的商機。

- Landing Page（到達頁）：到達網頁是指使用者拜訪網站的第一個網頁，這一個網頁不一定是該網站的首頁，只要是網站內所有的網頁都可能是到達網頁。到達頁和首頁最大的不同，就是到達頁只有一個頁面就要完成讓訪客馬上吸睛的任務，通常這個頁面是以誘人的文案請求訪客完成購買或登記。

- Law of Diminishing Firms（公司遞減定律）：由於摩爾定律及梅特卡菲定律的影響之下，專業分工、外包、策略聯盟、虛擬組織將比傳統業界來的更經濟及更有績效，形成一價值網路（Value Network），而使得公司的規模有遞減的現象。

- Law of Disruption（擾亂定律）：結合了「摩爾定律」與「梅特卡夫定律」的第二級效應，主要是指出社會、商業體制與架構以漸進的方式演進，但是科技卻以幾何級數發展，速度遠遠落後於科技變化速度，當這兩者之間的鴻溝愈來愈擴大，使原來的科技、商業、社會、法律間的平衡被擾亂，因此產生了所謂的失衡現象，就愈可能產生革命性的創新與改變。

- LINE Pay：主要以網路店家為主，將近 200 個品牌都可以支付，LINE Pay 支付的通路相當多元化，越來越多商家加入 LINE 購物平台，可讓您透過信用卡或現金儲值，信用卡只需註冊一次，同時支援線上與實體付款，而且 Line pay 累積點數非常快速，且許多通路都可以使用點數折抵。

- Location Based Service，LBS（定址服務）：或稱為「適地性服務」，就是行動行銷中相當成功的環境感知的種創新應用，就是指透過行動隨身設備的各式感知裝置，例如當消費者在到達某個商業區時，可以利用手機快速查詢所在位置周邊的商店、場所以及活動等即時資訊。

最夯網路行銷與 SEO 專業術語

- Logistics（物流）：是電子商務模型的基本要素，定義是指產品從生產者移轉到經銷商、消費者的整個流通過程，透過有效管理程序，並結合包括倉儲、裝卸、包裝、運輸等相關活動。

- Long Tail Keyword（長尾關鍵字）：是網頁上相對不熱門，不過也可以帶來搜索流量，但接近主要關鍵字的關鍵字詞。

- Long Term Evolution，LTE（長期演進技術）：是以現有的 GSM ／ UMTS 的無線通信技術為主來發展，不但能與 GSM 服務供應商的網路相容，用戶在靜止狀態的傳輸速率達 1 Gbps，而在行動狀態也可以達到最快的理論傳輸速度 170Mbps 以上，是全球電信業者發展 4G 的標準。例如各位傳輸 1 個 95M 的影片檔，只要 3 秒鐘就完成。

- Machine Learning，ML（機器學習）：機器通過演算法來分析數據、在大數據中找到規則，機器學習是大數據發展的下一個進程，可以發掘多資料元變動因素之間的關聯性，進而自動學習並且做出預測，充分利用大數據和演算法來訓練機器。

- Marketing Mix（行銷組合）：可以看成是一種協助企業建立各市場系統化架構的元素，藉著這些元素來影響市場上的顧客動向。美國行銷學學者麥卡錫教授（Jerome McCarthy）在 20 世紀的 60 年代提出了著名的 4P 行銷組合，所謂行銷組合的 4P 理論是指行銷活動的四大單元，包括產品（Product）、價格（Price）、通路（Place）與促銷（Promotion）等四項。

- Market Segmentation（市場區隔）：是指任何企業都無法滿足所有市場的需求，應該著手建立產品的差異化，行銷人員根據市場的觀察進行判斷，在經過分析市場的機會後，接著便在該市場中選擇最有利可圖的區隔市場，並且集中企業資源與火力，強攻下該市場區隔的目標市場。

- Merchandise Turnover Rate（商品迴轉率）：指商品從入庫到售出時所經過的這一段時間和效率，也就是指固定金額的庫存商品在一定的時間內週轉的次數和天數，可以作為零售業的銷售效率或商品生產力的指標。

- Metcalfe's Law（梅特卡夫定律）：是一種網路技術發展規律，也就是使用者越多，其價值便大幅增加，對原來的使用者而言，反而產生的效用會越大。

- Metrics（指標）：觀察項目量化後的數據被稱為「指標（Metrics）」，也就是是進一步觀察該訪客的相關細節，這是資料的量化評估方式。舉例來說，「語言」維度可連結「使用者」等指標，在報表中就可以觀察到特定語言所有使用者人數的總計值或比率。

- Micro Film（微電影）：又稱為「微型電影」，它是在一個較短時間且較低預算內，把故事情節或角色 / 場景，以視訊方式傳達其理念或品牌，適合在短暫的休閒時刻或移動的情況下觀賞。

- Mobile-Friendliness（行動友善度）：就是讓行動裝置操作環境能夠盡可能簡單化與提供使用者最佳化行動瀏覽體驗，包括閱讀時的舒適程度，介面排版簡潔、流暢的行動體驗、點選處是否有足夠空間、字體大小、橫向滾動需求、外掛程式是否相容等等。

- Mixed Reality（混合實境）：介於 AR 與 VR 之間的綜合模式，打破真實與虛擬的界線，同時擷取 VR 與 AR 的優點，透過頭戴式顯示器將現實與虛擬世界的各種物件進行更多的結合與互動，產生全新的視覺化環境，並且能夠提供比 AR 更為具體的真實感，未來很有可能會是視覺應用相關技術的主流。

- Mobile Advertising（行動廣告）：就是在行動平臺上做的廣告，與一般傳統與網路廣告的方式並不相同，擁有隨時隨地互動的特性與一般傳統廣告的方式並不相同。

- Mobile Commerce, m-Commerce（行動商務）：電商發展最新趨勢，不但促進了許多另類商機的興起，更有可能改變現有的產業結構。自從 2015 年開始，現代人人手一機，人們的視線已經逐漸從電視螢幕轉移到智慧型手機上，從網路優先（Web First）向行動優先（Mobile First）靠攏的數位浪潮上，而且這股行銷趨勢越來越明顯。

- Mobile Marketing（行動行銷）：主要是指伴隨著手機和其他以無線通訊技術為基礎的行動終端的發展而逐漸成長起來的一種全新的行銷方式，不僅突破了傳統定點式網路行銷受到空間與時間的侷限，也就是透過行動通訊網路來進行的商業交易行為。

- Mobile Payment（行動支付）：就是指消費者通過手持式行動裝置對所消費的商品或服務進行賬務支付的一種方式，很多人以為行動支付就是用手機付

最夯網路行銷與 SEO 專業術語

款，其實手機只是一個媒介，平板電腦、智慧手表，只要可以連網都可以拿來做為行動支付。

- Moore's law（摩爾定律）：表示電子計算相關設備不斷向前快速發展的定律，主要是指一個尺寸相同的 IC 晶片上，所容納的電晶體數量，因為製程技術的不斷提升與進步，每隔約十八個月會加倍，執行運算的速度也會加倍，但但製造成本卻不會改變。

- Multi-Channel（多通路）：是指企業採用兩條或以上完整的零售通路進行銷售活動，每條通路都能完成銷售的所有功能，例如同時採用直接銷售、電話購物或在 PChome 商店街上開店，也擁有自己的品牌官方網站，就是每條通路都能完成買賣的功能。

- Native Advertising（原生廣告）：一種讓大眾自然而然閱讀下去，不容易發現自己在閱讀廣告的廣告形式，讓訪客瀏覽體驗時的干擾降到最低，不僅傳達產品廣告訊息，也提升使用者的接受度。

- Natural Language Processing，NLP（自然語言處理）：就是讓電腦擁有理解人類語言的能力，也就是一種藉由大量的文本資料搭配音訊數據，並透過複雜的數學聲學模型（Acoustic model）及演算法來讓機器去認知、理解、分類並運用人類日常語言的技術。

- Nav Tag（NAV 標籤）：能夠設置網站內的導航區塊，可以用來連結到網站其他頁面，或者連結到網站外的網頁，例如主選單、頁尾選單等，能讓搜尋引擎把這個標籤內的連結視為重要連結。

- Near Field Communication，NFC（近場通訊）：是由 PHILIPS、NOKIA 與 SONY 共同研發的一種短距離非接觸式通訊技術，可在您的手機與其他 NFC 裝置之間傳輸資訊，例如手機、NFC 標籤或支付裝置，因此逐漸成為行動交易、行銷接收工具的最佳解決方案。

- Network Economy（網路經濟）：是一種分散式的經濟，帶來了與傳統經濟方式完全不同的改變，最重要的優點就是可以去除傳統中間化，降低市場交易成本，整個經濟體系的市場結構也出現了劇烈變化，這種現象讓自由市場更有效率地靈活運作。

- Network Effect（網路效應）：對於網路經濟所帶來的效應而言，有一個很

大的特性就是產品的價值取決於其總使用人數,透過網路無遠弗屆的特性,一旦使用者數目跨過門檻,也就是越多人有這個產品,那麼它的價值自然越高,登時展開噴出行情。

- New Visit(新造訪):沒有任何造訪紀錄的訪客,數字愈高表示廣告成功地吸引了全新的消費訪客。

- Nofollow tag(Nofollow 標籤):由於連結是影響搜尋排名的其中一項重要指標,Nofollow 標籤就是用於向搜尋引擎表示目前所處網站與特定網站之間沒有關連,這個標籤是在告訴搜尋引擎,不要前往這個連結指向的頁面,也不要將這個連結列入權重。

- Omni-Channel(全通路):全通路是利用各種通路為顧客提供交易平台,以消費者為中心的 24 小時營運模式,並且消除各個通路間的壁壘,以前所未見的速度與範圍連結至所有消費者,包括在實體和數位商店之間的無縫轉換,去真正滿足消費者的需要,提供了更客製化的行銷服務,不管是透過線上或線下都能達到最佳的消費體驗。

- Online Analytical Processing,OLAP(線上分析處理):可被視為是多維度資料分析工具的集合,使用者在線上即能完成的關聯性或多維度的資料庫(例如資料倉儲)的資料分析作業並能即時快速地提供整合性決策。

- Online and Offline(ONO):就是將線上網路商店與線下實體店面能夠高度結合的共同經營模式,從而實現線上線下資源互通,雙邊的顧客也能彼此引導與消費的局面。

- Online Broker(線上仲介商):主要的工作是代表其客戶搜尋適當的交易對象,並協助其完成交易,藉以收取仲介費用,本身並不會提供商品,包括證券網路下單、線上購票等。

- Online Community Provider,OCP(線上社群提供者):是聚集相同興趣的消費者形成一個虛擬社群來分享資訊、知識、甚或販賣相同產品。多數線上社群提供者會提供多種讓使用者互動的方式,可以為聊天、寄信、影音、互傳檔案等。

- Online interacts with Offline,OIO(線上線下互動經營模式):近年電商業者陸續建立實體據點與體驗中心,即除了電商提供網購服務之外,並協助實

體零售業者在既定的通路基礎上，可以給予消費者與商品面對面接觸，並且為消費者提供交貨或者送貨服務，彌補了電商平台經營服務的不足。

- Offline mobile Online（OMO 或 O2M）：更強調的是行動端，打造線上 - 行動 - 線下三位一體的全通路模式，形成實體店家、網路商城、與行動終端深入整合行銷，並在線下完成體驗與消費的新型交易模式。

- Online Service Offline（OSO）：所謂 OSO（Online Service Offline）模式並不是線上與線下的簡單組合，而是結合 O2O 模式與 B2C 的行動電商模式，把用戶服務納入進來的新型電商運營模式即線上商城 + 直接服務 + 線下體驗。

- Offline to Online（反向 O2O）：從實體通路連回線上，消費者可透過在線下實際體驗後，透過 QR code 或是行動終端連結等方式，引導消費者到線上消費，並且在線上平台完成購買並支付。

- Online to Offline（O2O）：O2O 模式就是整合「線上（Online）」與「線下（Offline）」兩種不同平台所進行的一種行銷模式，也就是將網路上的購買或行銷活動帶到實體店面的模式。

- On-Line Transaction Processing，OLTP（線上交易處理）：是指經由網路與資料庫的結合，以線上交易的方式處理一般即時性的作業資料。

- Organic Traffic（自然流量）：指訪問者通過搜尋引擎，由搜尋結果進去你的網站的流量，通常品質是較好。

- Page View，PV（頁面瀏覽次數）：是指在瀏覽器中載入某個網頁的次數，如果使用者在進入網頁後按下重新載入按鈕，就算是另一次網頁瀏覽。簡單來說就是瀏覽的總網頁數。數字越高越好，表示你的內容被閱讀的次數越多。

- Paid Search（付費搜尋流量）：這類管道和自然搜尋有一點不同，它不像自然搜尋是免費的，反而必須付費的，例如 Ggoogle、Yahoo 關鍵字廣告（如 Google Ads 等關鍵字廣告），讓網站能夠在特定搜尋中置入於搜尋結果頁面，簡單的說，它是透過搜尋引擎上的付費廣告的點擊進入到你的網站。

- Parallel Processing（平行處理）：這種技術是同時使用多個處理器來執行單一程式，借以縮短運算時間。其過程會將資料以各種方式交給每一顆處理

器，為了實現在多核心處理器上程式性能的提升，還必須將應用程式分成多個執行緒來執行。

- PayPal：是全球最大的線上金流系統與跨國線上交易平台，適用於全球 203 個國家，屬於 ebay 旗下的子公司，可以讓全世界的買家與賣家自由選擇購物款項的支付方式。

- Pay Per Click，PPC（**點擊數收費**）：就是一種按點擊數付費廣方式，是指搜尋引擎的付費競價排名廣告推廣形式，就是按照點擊次數計費，不管廣告曝光量多少，沒人點擊就不用付錢，多數新手都會使用單次點擊出價。

- Pay per Mille，PPM（**廣告千次曝光費用**）：這種收費方式是以曝光量計費也，就是廣告曝光一千次所要花費的費用，就算沒有產生任何點擊，只要千次曝光就會計費，這種方式對商家的風險較大，不過最適合加深大眾印象，需要打響商家名稱的廣告客戶，並且可將廣告投放於有興趣客戶。

- Pop-Up Ads（**彈出式廣告**）：當網友點選連結進入網頁時，會彈跳出另一個子視窗來播放廣告訊息，強迫使用者接受，並連結到廣告主網站。

- Portal（**入口網站**）：是進入 WWW 的首站或中心點，它讓所有類型的資訊能被所有使用者存取，提供各種豐富個別化的服務與導覽連結功能。當各位連上入口網站的首頁，可以藉由分類選項來達到各位要瀏覽的網站，同時也提供許多的服務，諸如：搜尋引擎、免費信箱、拍賣、新聞、討論等，例如 Yahoo、Google、蕃薯藤、新浪網等。

- Porter five forces analysis（**五力分析模型**）：全球知名的策略大師麥可‧波特（Michael E. Porter）於 80 年代提出以五力分析模型（Porter five forces analysis）作為競爭策略的架構，他認為有 5 種力量促成產業競爭，每一個競爭力都是為對稱關係，透過這五方面力的分析，可以測知該產業的競爭強度與獲利潛力，並且有效的分析出客戶的現有競爭環境。五力分別是供應商的議價能力、買家的議價能力、潛在競爭者進入的能力、替代品的威脅能力、現有競爭者的競爭能力。

- Positioning（**市場定位**）：是檢視公司商品能提供之價值，向目標市場的潛在顧客介紹商品的價值。品牌定位是 STP 的最後一個步驟，也就是針對作好的市場區隔及目標選擇，為企業立下一個明確不可動搖的層次與品牌印象。

最夯網路行銷與 SEO 專業術語

- Pre-roll（插播廣告）：影片播放之前的插播廣告。

- Private Cloud（私有雲）：是將雲基礎設施與軟硬體資源建立在防火牆內，以供機構或企業共享數據中心內的資源。

- Public Cloud（公用雲）：是透過網路及第三方服務供應者，提供一般公眾或大型產業集體使用的雲端基礎設施，通常公用雲價格較低廉。

- Publisher（出版商）：平台上的個體，廣告賣方，例如媒體網站 Blogger 的管理者，以提供網站固定版位給予廣告主曝光。例如 Facebook 發展至今，已經成為網路出版商（Online Publishers）的重要平台。

- Quick Response Code，QR Code：是在 1994 年由日本 Denso-Wave 公司發明，利用線條與方塊所除了文字之外，還可以儲存圖片、記號等相關資訊。QR Code 連結行銷相關的應用相當廣泛，可針對不同屬性活動搭配不同的連結內容。

- Radio Frequency Identification，RFID（無線射頻辨識技術）：是一種自動無線識別數據獲取技術，可以利用射頻訊號以無線方式傳送及接收數據資料，例如在所出售的衣物貼上晶片標籤，透過 RFID 的辨識，可以進行衣服的管理，例如全球最大的連鎖通路商 Wal-Mart 要求上游供應商在貨品的包裝上裝置 RFID 標籤，以便隨時追蹤貨品在供應鏈上的即時資訊。

- Reach（觸及）：一定期間內，個用來記錄廣告至少一次觸及到了多少人的總數。

- Referral Traffic（推薦流量）：其他網站上有你的網站連結，訪客透過點擊連結，進去你的網站的流量。

- Real-time bidding，RTB（即時競標）：即時競標為近來新興的目標式廣告模式，相當適合強烈網路廣告需求的電商業者，由程式瞬間競標拍賣方式，廣告購買方對某一個曝光出價，價高者得標，贏家的廣告會馬上出現在媒體廣告版位，可以提升廣告主的廣告投放效益。至於無得標（Zero Win Rate）則是在即時競價（RTB）中，沒有任何特定廣告買主得標的狀況。

- Referral（參照連結網址）：Google Analytics 會自動識別是透過第三方網站上的連結而連上你的網站，這類流量來源則會被認定為參照連結網址，也就是從其他網站到我們網站的流量。

- Relationship Marketing（關係行銷）：是以一種建構在「彼此有利」為基礎的觀念，強調銷售是關係的開始，而非交易的結束，發展出了解顧客需求，而進行顧客服務，以建立並維持與個別顧客的關係，謀求雙方互惠的利益。

- Repeat Visitor（重複訪客）：訪客至少有一次或以上造訪紀錄。

- Responsive Web Design，RWD：RWD 開發技術已成了新一代的電商網站設計趨勢，因為 RWD 被公認為是能夠對行動裝置用戶提供最佳的視覺體驗，原理是使用 CSS3 以百分比的方式來進行網頁畫面的設計，在不同解析度下能自動改變網頁頁面的佈局排版，讓不同裝置都能以最適合閱讀的網頁格式瀏覽同一網站，不用一直忙著縮小放大拖曳，給使用者最佳瀏覽畫面。

- Retention time（停留時間）：是指瀏覽者或消費者在網站停留的時間。

- Return of Investment，ROI（投資報酬率）：指通過投資一項行銷活動所得到的經濟回報，以百分比表示，計算方式為淨收入（訂單收益總額 – 投資成本）除以「投資成本」。

- Return on Ad Spend，ROAS（廣告收益比）：計算透過廣告所有花費所帶來的收入比率。

- Revolving-door Effect（旋轉門效應）：許多企業往往希望不斷的拓展市場，經常把焦點放在吸收新顧客上，卻忽略了手邊原有的舊客戶，如此一來，也就是費盡心思地將新顧客拉進來時，被忽略的舊用戶又從後門悄悄的溜走了。

- Segmentation（市場區隔）：是指任何企業都無法滿足所有市場的需求，應該著手建立產品的差異化，企業在經過分析市場的機會後，接著便在該市場中選擇最有利可圖的區隔市場，並且集中企業資源與火力，強攻下該市場區隔的目標市場。

- Search Engine Results Page，SERP（搜尋結果頁面）：是使用關鍵字，經搜尋引擎根據內部網頁資料庫查詢後，所呈現給使用者的自然搜尋結果的清單頁面，SERP 的排名是越前面越好。

- Search Engine Marketing，SEM（搜尋引擎行銷）：指的是與搜尋引擎相關的各種直接或間接行銷行為，由於傳播力量強大，吸引了許許多多網路行銷人員與店家努力經營。廣義來說，也就是利用搜尋引擎進行數位行銷的各種

方法，包括增進網站的排名、購買付費的排序來增加產品的曝光機會、網站的點閱率與進行品牌的維護。

- **Search Engine Optimization，SEO（搜尋引擎最佳化）**：也稱作搜尋引擎優化，是近年來相當熱門的網路行銷方式，就是一種讓網站在搜尋引擎中取得 SERP 排名優先方式，終極目標就是要讓網站的 SERP 排名能夠到達第一。

- **Secure Electronic Transaction，SET（安全電子交易機制）**：由信用卡國際大廠 VISA 及 MasterCard，在 1996 年共同制定並發表的安全交易協定，並陸續獲得 IBM、Microsoft、HP 及 Compaq 等軟硬體大廠的支持，加上 SET 安全機制採用非對稱鍵值加密系統的編碼方式，並採用知名的 RSA 及 DES 演算法技術，讓傳輸於網路上的資料更具有安全性。

- **Secure Socket Layer，SSL（網路安全傳輸協定）**：於 1995 年間由網景（Netscape）公司所提出，是一種 128 位元傳輸加密的安全機制，目前大部分的網頁伺服器或瀏覽器，都能夠支援 SSL 安全機制。

- **Service Provider（服務提供者）**：是比傳統服務提供者更有價值、便利與低成本的網站服務，收入可包括訂閱費或手續費。例如翻開報紙的求職欄，幾乎都被五花八門分類小廣告佔領所有廣告版面，而一般正當的公司企業，除了偶爾刊登求才廣告來塑造公司形象外，大部分都改由網路人力銀行中尋找人才。

- **Session（工作階段）**：工作階段（Session）代表指定的一段時間範圍內在網站上發生的多項使用者互動事件；舉例來說，一個工作階段可能包含多個網頁瀏覽、滑鼠點擊事件、社群媒體連結和金流交易。當一個工作階段的結束，可能就代表另一個工作階段的開始。一位使用者可開啟多個工作階段。

- **Sharing Economy（共享經濟）**：這種模式正在日漸成長，共享經濟的成功取決於建立互信，以合理的價格與他人共享資源，同時讓閒置的商品和服務創造收益，讓有需要的人得以較便宜的代價借用資源。

- **Shopping Cart Abandonment，CTAR（購物車放棄率）**：是指顧客最後拋棄購物車的數量與總購物車成交數量的比例。

- **Six Degrees of Separation（六度分隔理論）**：哈佛大學心理學教授米爾格藍（Stanely Milgram）所提出的「六度分隔理論」（Six Degrees of Separation，

SDS）運作，是說在人際網路中，要結識任何一位陌生的朋友，中間最多只要通過六個朋友就可以。換句話說，最多只要透過六個人，你就可以連結到全世界任何一個人。例如像 Facebook 類型的 SNS 網路社群就是六度分隔理論的最好證明。

- Social Media Marketing（社群行銷）：就是透過各種社群媒體網站，讓企業吸引顧客注意而增加流量的方式。由於大家都喜歡在網路上分享與交流，透過朋友間的串連、分享、社團、粉絲頁與動員令的高速傳遞，創造了互動性與影響力強大的平台，進而提高企業形象與顧客滿意度，並間接達到產品行銷及消費，所以被視為是便宜又有效的行銷工具。

- Social Networking Service，SNS（社群網路服務）：Web 2.0 體系下的一個技術應用架構，隨著各類部落格及社群網站（SNS）的興起，網路傳遞的主控權已快速移轉到網友手上，從早期的 BBS、論壇，一直到近期的部落格、Plurk（噗浪）、Twitter（推特）、Pinterest、Instagram、微博、Facebook 或 YouTube 影音社群，主導了整個網路世界中人跟人的對話。

- Social、Location、Mobile，SoLoMo（SoLoMo 模式）：是由 KPCB 合夥人約翰、杜爾（John Doerr）在 2011 年提出的一個趨勢概念，強調「在地化的行動社群活動」，主要是因為行動裝置的普及和無線技術的發展，讓 Social（社交）、Local（在地）、Mobile（行動）三者合一能更為緊密結合，顧客會同時受到社群（Social）、行動裝置（Mobile）、以及本地商店資訊（Local）的影響，稱為 SOMOLO 消費者。

- Social Traffic（社交媒體流量）：社交（Social）媒體是指透過社群網站的管道來拜訪你的網站的流量，例如 Facebook、IG、Google+，當然來自社交媒體也區分為免費及付費，藉由這些管量的流量分析，可以作為投放廣告方式及預算的決策參考。

- Spam（垃圾郵件）：網路上亂發的垃圾郵件之類的廣告訊息。

- Spark：Apache Spark，是由加州大學柏克萊分校的 AMPLab 所開發，是目前大數據領域最受矚目的開放原始碼（BSD 授權條款）計畫，Spark 相當容易上手使用，可以快速建置演算法及大數據資料模型，目前許多企業也轉而採用 Spark 做為更進階的分析工具，也是目前相當看好的新一代大數據串流運算平台。

最夯網路行銷與 SEO 專業術語

- Start Page(起始網頁):訪客用來搜尋您網站的網頁。

- Stay at Home Economic(宅經濟):這個名詞迅速火紅,在許多報章雜誌中都可以看見它的身影,「宅男、宅女」這名詞是從日本衍生而來,指許多整天呆坐在家中看 DVD、玩線上遊戲等地消費群,在這一片不景氣當中,宅經濟帶來的「宅」商機卻創造出另一個經濟奇蹟,也為遊戲產業注入一股新的活水。

- Streaming Media(串流媒體):是近年來熱門的一種網路多媒體傳播方式,它是將影音檔案經過壓縮處理後,再利用網路上封包技術,將資料流不斷地傳送到網路伺服器,而用戶端程式則會將這些封包一一接收與重組,即時呈現在用戶端的電腦上,讓使用者可依照頻寬大小來選擇不同影音品質的播放。

- Structured Data(結構化資料):則是目標明確,有一定規則可循,每筆資料都有固定的欄位與格式,偏向一些日常且有重覆性的工作,例如薪資會計作業、員工出勤記錄、進出貨倉管記錄等。

- Structured Schema(結構化資料):是指放在網站後台的一段 HTML 中程式碼與標記,用來簡化並分類網站內容,讓搜尋引擎可以快速理解網站,好處是可以讓搜尋結果呈現最佳的表現方式,然後依照不同類型的網站就會有許多不同資訊分類,例如在健身網頁上,結構化資料就能分類工具、體位和體脂肪、熱量、性別等內容。

- Supply Chain(供應鏈):觀念源自於物流(Logistics),目標是將上游零組件供應商、製造商、流通中心,以及下游零售商上下游供應商成為夥伴,以低整體庫存之水準或提高顧客滿意度為宗旨。

- Supply Chain Management,SCM(供應鏈管理):理論的目標是將上游零組件供應商、製造商、流通中心,以及下游零售商上下游供應商成為夥伴,以 低整體庫存之水準或提高顧客滿意度為宗旨。如果企業能作好供應鏈的管理,可大為提高競爭優勢,而這也是企業不可避免的趨勢。

- Supply Side Platform,SSP(供應方平台):幫助網路媒體(賣方,如部落格、FB 等),託管其廣告位和廣告交易,就是擁有流量的一方,出版商能夠在 SSP 上管理自己的廣告位,可以獲得最高的有效展示費用。

- SWOT Analysis（SWOT 分析）：是由世界知名的麥肯錫咨詢公司所提出，又稱為態勢分析法，是一種很普遍的策略性規劃分析工具。當使用 SWOT 分析架構時，可以從對企業內部優勢與劣勢與面對競爭對手所可能的機會與威脅來進行分析，然後從面對的四個構面深入解析，分別是企業的優勢（Strengths）、劣勢（Weaknesses）、與外在環境的機會（Opportunities）和威脅（Threats），就此四個面向去分析產業與策略的競爭力。

- Target Audience，TA（目標受眾）：又稱為目標顧客，是一群有潛在可能會喜歡你品牌、產品或相關服務的消費者，也就是一群「對的消費者」。

- Targeting（市場目標）：是指完成了市場區隔後，我們就可以依照我們的區隔來進行目標的選擇，把這適合的目標市場當成你的最主要的戰場，將目標族群進行更深入的描述，設定那些最可能族群，從中選擇適合的區隔做為目標對象。

- Target Keyword（目標關鍵字）：就是網站確定的主打關鍵字，也就是網站上目標使用者搜索量相對最大與最熱門的關鍵字，會為網站帶來大多數的流量，並在搜尋引擎中獲得排名的關鍵字。

- The Long Tail（長尾效應）：克裡斯 · 安德森（Chris Anderson）於 2004 年首先提出長尾效應（The Long Tail）的現象，也顛覆了傳統以暢銷品為主流的觀念，過去一向不被重視，在統計圖上像尾巴一樣的小眾商品，因為全球化市場的來臨，即眾多小市場匯聚成可與主流大市場相匹敵的市場能量，可能就會成為具備意想不到的大商機，足可與最暢銷的熱賣品匹敵。

- The Sharing Economy（共享經濟）：這樣的經濟體系是讓個人都有額外創造收入的可能，就是透過網路平台所有的產品、服務都能被大眾使用、分享與出租的概念，例如類似計程車「共乘服務」（Ride-sharing Service）的 Uber。

- The Two Tap Rule（兩次點擊原則）：一旦你打開你的 APP，如果要點擊兩次以上才能完成使用程序，就應該馬上重新設計。

- Third-Party Payment（第三方支付）：就是在交易過程中，除了買賣雙方外由具有實力及公信力的「第三方」設立公開平台，做為銀行、商家及消費者間的服務管道代收與代付金流，就可稱為第三方支付。第三方支付機制建立了一個中立的支付平台，為買賣雙方提供款項的代收代付服務。

最夯網路行銷與 SEO 專業術語

- **Traffic（流量）**：是指該網站的瀏覽頁次（Page View）的總合名稱，數字愈高表示你的內容被點擊的次數越高。

- **Trusted Service Manager，TSM（信任服務管理平台）**：是銀行與商家之間的公正第三方安全管理系統，也是一個專門提供 NFC 應用程式下載的共享平台，主要負責中間的資料交換與整合，在台灣建立 TSM 平台的業者共有四家，商家可向 TSM 請款，銀行則付款給 TSM。

- **Ubiquinomics（隨經濟）**：盧希鵬教授所創造的名詞，是指因為行動科技的發展，讓消費時間不再受到實體通路營業時間的限制，行動通路成了消費者在哪裡，通路即在哪裡，消費者隨時隨處都可以購物。

- **Ubiquity（隨處性）**：能夠清楚連結任何地域位置，除了隨處可見的行銷訊息，還能協助客戶隨處了解商品及服務，滿足使用者對即時資訊與通訊的需求。

- **Unstructured Data（非結構化資料）**：是指那些目標不明確，不能數量化或定型化的非固定性工作、讓人無從打理起的資料格式，例如社交網路的互動資料、網際網路上的文件、影音圖片、網路搜尋索引、Cookie 紀錄、醫學記錄等資料。

- **Upselling（向上銷售、追加銷售）**：鼓勵顧客在購買時是最好的時機進行追加銷售，能夠銷售出更高價或利潤率更高的產品，以獲取更多的利潤。

- **Unique Page view（不重複瀏覽量）**：是指同一位使用者在同一個工作階段中產生的網頁瀏覽，也代表該網頁獲得至少一次瀏覽的工作階段數（或稱拜訪次數）。

- **Unique User，UV（不重複訪客）**：在特定的時間內時間之內所獲得的不重複（只計算一次）訪客數目，如果來造訪網站的一台電腦用戶端視為一個不重複訪客，所有不重複訪客的總數。

- **Uniform Resource Locator，URL（全球資源定址器）**：主要是在 WWW 上指出存取方式與所需資源的所在位置來享用網路上各項服務，也可以看成是網址。

- **User（使用者）**：在 GA 中，使用者指標是用識別使用者的方式（或稱不重複訪客），所謂使用者通常指同一個人，「使用者」指標會顯示與所追蹤的網

站互動的使用者人數。例如如果使用者 A 使用「同一部電腦的相同瀏覽器」在一個禮拜內拜訪了網站 5 次，並造成了 12 次工作階段，這種情況就會被 Google Analytics 紀錄為 1 位使用者、12 次工作階段。

- User Generated Content，UCG（**使用者創作內容**）：是代表由使用者來創作內容的一種行銷方式，這種聚集網友創作來內容，也算是近年來蔚為風潮的內容行銷手法的一種。

- User Interface，UI（**使用者介面**）：是一種虛擬與現實互換資訊的橋樑，以浩瀚的網際網路資訊來說，UI 是人們真正會使用的部分，它算是一個工具，用來和電腦做溝通，以便讓瀏覽者輕鬆取得網頁上的內容。

- User Experience，UX（**使用者體驗**）：著重在「產品給人的整體觀感與印象」，這印象包括從行銷規劃開始到使用時的情況，也包含程式效能與介面色彩規劃等印象。所以設計師在規劃設計時，不單只是考慮視覺上的美觀清爽而已，還要考慮使用者使用時的所有細節與感受。

- Urchin Tracking Module，UTM：UTM 是發明追蹤網址成效表現的公司縮寫，作法是將原本的網址後面連接一段參數，只要點擊到帶有這段參數的連結，Google Analytics 都會記錄其來源與在網站中的行為。

- Video On Demand，VoD（**隨選視訊**）：是一種嶄新的視訊服務，使用者可不受時間、空間的限制，透過網路隨選並即時播放影音檔案，並且可以依照個人喜好「隨選隨看」，不受播放權限、時間的約束。

- Viral Marketing（**病毒式行銷**）：身處在數位世界，每個人都是一個媒體中心，可以快速的自製並上傳影片、圖文，行銷如病毒般擴散，並且一傳十、十傳百地快速轉寄這些精心設計的商業訊息，病毒行銷要成功，關鍵是內容必須在「吵雜紛擾」的網路世界脫穎而出，才能成功引爆話題。

- Virtual Hosting（**虛擬主機**）：是網路業者將一台伺服器分割模擬成為很多台的「虛擬」主機，讓很多個客戶共同分享使用，平均分攤成本，也就是請網路業者代管網站的意思，對使用者來說，就可以省去架設及管理主機的麻煩。

- Virtual Reality Modeling Language，VRML（**虛擬實境技術**）：是一種程式語法，主要是利用電腦模擬產生一個三度空間的虛擬世界，提供使用者關於

最夯網路行銷與 SEO 專業術語

視覺、聽覺、觸覺等感官的模擬，利用此種語法可以在網頁上建造出一個 3D 的立體模型與立體空間。VRML 最大特色在於其互動性與即時反應，可讓設計者或參觀者在電腦中就可以獲得相同的感受，如同身處在真實世界一般，並且可以與場景產生互動，360 度全方位地觀看設計成品。

- Visibility（廣告能見度）：廣告的能見度就是指廣告有沒有被網友給看到，也就是確保廣告曝光的有效性，例如以 IAB／MRC 所制定的基準，是指影音廣告有 50% 在持續播放過程中至少可被看見兩秒。

- Voice Assistant（語音助理）：就是依據使用者輸入的語音內容、位置感測而完成相對應的任務或提供相關服務，讓你完全不用動手，輕鬆透過說話來命令機器打電話、聽音樂、傳簡訊、開啟 App、設定鬧鐘等功能。

- Web Analytics（網站分析）：所謂網站分析就是透過網站資料的收集，進一步作為種網站訪客行為的研究，接著彙整成有用的圖表資訊，透過這些所得到的資訊與關鍵績效指標來加以判斷該網站的經營情況，以作為網站修正、行銷活動或決策改進的依據。

- Webinar：是指透過網路舉行的專題討論或演講，稱為「網路線上研討會」（Web Seminar 或 Online Seminar），目前多半可以透過社群平台的直播功能，提供演講者與參與者更多互動的新式研討會。

- Website（網站）：就是用來放置網頁（Page）及相關資料的地方，當我們使用工具設計網頁之前，必須先在自己的電腦上建立一個資料夾，用來儲存所設計的網頁檔案，而這個檔案資料夾就稱為「網站資料夾」。

- White hat SEO（白帽 SEO）：所謂白帽 SEO（White hat SEO）是腳踏實地來經營 SEO，也就是以正當方式優化 SEO，核心精神是只要對用戶有實質幫助的內容，排名往前的機會就能提高，例如加速網站開啟速度、選擇適合的關鍵字、優化使用者體驗、定期更新貼文、行動網站優先、使用較短的 URL 連結等。

- Widget Ad：是一種桌面的小工具，可以在電腦或手機桌面上獨立執行，讓店家花極少的成本，就可迅速匯集超人氣，由於手機具有個人化的優勢，算是目前市場滲透率相當高的行銷裝置。